WERKSTATTBÜCHER

Verzeichnis der zur Zeit greifbaren und der in Kürze erscheinenden Hefte, nach Fachgebieten geordnet

Das Gesamtverzeichnis mit Inhaltsangabe jedes einzelnen Heftes ist erhältlich in den Fachbuchhandlungen und unmittelbar beim
Springer-Verlag, 1 Berlin 31 (Wilmersdorf), Heidelberger Platz 3

Preis jedes Heftes DM 4,50 (der mit * bezeichneten DM 6,—)
Bei gleichzeitigem Bezug von 10 beliebigen Heften ermäßigt sich der Heftpreis um 20%

(Fortsetzung 3. Umschlagseite)

WERKSTATTBÜCHER

FÜR BETRIEBSFACHLEUTE, KONSTRUKTEURE UND STUDIERENDE
HERAUSGEBER DR.-ING. H. HAAKE, HAMBURG

HEFT 99

Arbeitsvorbereitung

Von

Ferdinand Pristl VDI

Oberingenieur, Schmiden b. Stuttgart

Erster Teil

Betriebswirtschaftliche Vorüberlegungen,
werkstoff- und fertigungstechnische
Planungen

Vierte neubearbeitete Auflage
(20.—26. Tausend)

Mit 86 Abbildungen und 15 Tabellen
im Text

Springer-Verlag
Berlin / Heidelberg / New York
1967

ISBN 978-3-540-04018-7   ISBN 978-3-642-85651-8 (eBook)
DOI 10.1007/978-3-642-85651-8

Inhaltsverzeichnis

Siehe auch Nachtrag zu den Seiten 31 und 70 auf S. 73 f.

Alle Dinge gelingen,
wenn sie vorbereitet sind —
und mißlingen,
wenn sie nicht vorbereitet werden.

KONFUZIUS
(Chinesischer Philosoph u. Erzieher, 500 v. Chr.)

Vorwort

In den beiden Werkstattbüchern Arbeitsvorbereitung I und II wird versucht, dem vorwärtsstrebenden Betriebsfachmann die großen Zusammenhänge seiner oft engen Abschnittsarbeit zu vermitteln und dem Ingenieur Anregungen zur Leistungssteigerung zu geben. In das Gebiet der „Arbeitsvorbereitung" als Oberbegriff fällt dabei alles, was vor Beginn der eigentlichen Fertigung geplant und, um einen reibungslosen Ablauf zu sichern, während der Arbeit gesteuert und überwacht werden muß, um die Rentabilität des Unternehmens und damit die Arbeitsplätze der Belegschaft zu sichern. Im Rahmen dieser Aufgabenstellung erläutert das Heft „Arbeitsvorbereitung I" zunächst die betriebliche Wirtschaftsplanung, geht also von mehr kaufmännischem Denken und finanziellen Überlegungen aus. Auch wenn diese Bereiche nicht unmittelbar zum Aufgabengebiet der Arbeitsvorbereitung gehören, sondern Geschäftsleitungsfragen betreffen, sind sie hier wichtige Voraussetzungen, unter denen alle Planungsvorgänge erst wirtschaftlich in die Praxis umgesetzt werden können. In der Hauptsache behandelt dieses Heft dann die Produktionsplanung, also alle einmalig zu treffenden Maßnahmen, die sich auf die Gestaltung des Erzeugnisses (was), die Fertigungsvorbereitung (wie), die Planung und Bereitstellung der Betriebsmittel (womit) beziehen und in der Regel mit der Freigabe der Fertigung schließen.

Im Heft „Arbeitsvorbereitung II", 4. Aufl., finden sich zunächst Unterlagen über die arbeitsphysiologisch zweckmäßigste Gestaltung industrieller Arbeitsvorgänge, die menschliche Leistungsfähigkeit bzw. die Methoden, den geeignetsten Mitarbeiter den jeweiligen Arbeitsaufgaben zuzuordnen; desgleichen über Fragen der Auftragszeit(Fertigungszeit)-Ermittlung und Arbeitsbewertung. Diese Abschnitte gehören gliederungsmäßig noch zum Bereich der Produktionsplanung. Dann wird die Fertigungssteuerung behandelt, die alle Maßnahmen zur Durchführung eines Auftrages im Sinne der Vorplanung umfaßt, also festlegt, welche Erzeugnisse in welchen Mengen wann zu fertigen sind, und mit der Abrechnung ihren Abschluß findet.

Bei der Neubearbeitung der 4. Auflage[1] wurde auf die neuesten Erkenntnisse über Arbeitsvorbereitung Rücksicht genommen. Eine eingehende Schilderung aller Möglichkeiten kann im Rahmen dieser Schrift nicht gegeben werden, daher sollen die beigefügten Abbildungen und Tabellen helfen, grundsätzliche Wege aufzuzeigen, und die Schrifttumhinweise zum Weiterstudium anregen.

I. Betriebliche Wirtschaftsplanung [1][2]

1. Gesamtwirtschaftsplan. Der betriebliche Wirtschaftsplan bestimmt, wie sich ein Unternehmen unter Berücksichtigung volks- und betriebswirtschaftlicher sowie technischer Gesichtspunkte in einem zukünftigen Zeitabschnitt betätigen und

---

[1] Die ersten drei Auflagen dieses Werkstattbuches sind 1950, 1956 und 1962 erschienen.
[2] Die in eckigen Klammern stehenden Zahlen verweisen auf das Schrifttum S. 70 ff.

1*

welche Verfassung es zu diesem Zeitpunkt haben soll. Das allgemeine Endziel ist ein Mehr an Gütern zu niedrigeren Preisen unter besseren Arbeitsbedingungen in kürzerer Arbeitszeit, damit dem einzelnen Menschen die Befriedigung erhöhter zivilisatorischer und kultureller Bedürfnisse möglich wird. Der Plan selbst ist im Aufbau von den sachlichen und persönlichen Beweggründen des Planenden abhängig.

In der *freien Markt- und Unternehmerwirtschaft* — die Produktionsmittel sind Privateigentum — obliegt es dem Einzelunternehmer, Vorstand oder Geschäftsführer, das Produktionsprogramm mit der Entwicklungsrichtung langfristig festzulegen und im Wettbewerb mit anderen Unternehmern die Produktionsfaktoren so einzusetzen, daß das Verhältnis von Geldaufwand und Geldertrag günstig ist und die freien Verbraucherwünsche — Grundlage der Produktion — gemäß ihrer Dringlichkeit (Preisanreiz) erfüllt werden. Freude am Wagen, wirtschaftliche, technische Kenntnisse und Erfahrungen, Bedürfnisse nach Verwendung von Geld- und Sachkapital, Erfindungen und letzten Endes Machtstreben spielen neben dem Wunsch nach Gewinn und Unternehmenswachstum eine Rolle.

Bei der zweiten Art, Erzeugung und Verbrauch in Übereinstimmung zu bringen, der *zentral gelenkten Planwirtschaft* — die meist mit der sogenannten Vergesellschaftung der Produktionsmittel (Staatsbetriebe) einhergeht — bestimmt ein Einzelner, eine Gruppe oder eine Zentrale die Art und Menge der Produktion im ganzen Staate und damit auch den Grad der Erfüllungsmöglichkeit der Bedürfnisse des Volkes. In diesem Falle liegen den Planungen der Betriebe die Sollzahlen des zuständigen Planungsamtes zugrunde.

Jede Planung setzt reale, technisch durchführbare, fabrikationsreife Verfahren (Produkte oder Dienstleistungen) voraus, wobei man von der Mengenleistung aus über den langfristig erwarteten Umsatz zur Geldseite des Fragenkreises kommt. Hier werden die Höhe der benötigten Mittel (einschl. Forschungs- und Entwicklungskosten), die Etappen der Bereitstellung und die betrieblich-kaufmännische Wirtschaftlichkeit festgestellt. Darüber hinaus ermöglicht der Wirtschaftsplan aber auch die Kontrolle, ob das darin bestimmte ,,Soll" mit dem erzielten ,,Ist" übereinstimmt, und schafft durch die Auswertung eine wichtige Erfahrungs- und Erkenntnisquelle praktischen Wirtschaftens.

2. Teilwirtschaftspläne. Die Aufgliederung des Gesamtwirtschaftsplans in Teilwirtschaftspläne zeigt Tab. 1.

Tabelle 1. Wirtschaftsplan

A. Absatzplan
> Verkaufsplan: Legt abzusetzende Erzeugnisse auf Grund von Produkt- und Marktforschung nach Menge, Art, Absatzgebiet bzw. Absatzweg und Termin fest. Der *Umsatzplan* stellt Mengen und Termine den Preisen gegenüber. Der *Lagerplan* legt jeweilige Lagermengen an Halb- oder Fertigfabrikaten fest. Der *Werbeplan* bestimmt Mittel, Zeit und Aufwand der Werbung.
> Vertriebsaufwandsplan: Gliedert Aufwand nach Verkauf und Versand, nach Erzeugnisgruppen und Verkaufsgebieten.

B. Produktionsprogrammplan
> Durchführungsplan: Klärt Losgrößen der Fertigung, Bereitstellung von Menschen, Maschinen und Material.
> Einkaufsplan: Legt die günstigsten Bedingungen für Beschaffung nach Preis, Menge Lieferant und Termin fest.
> Aufwandsplan: Ist nach Kostenarten und Kostenstellen sowie festem und proportionalem Aufwand gegliedert.

C. Investitionsplan
> Stellt Notwendigkeit, Möglichkeit und Einkaufsplan der Anlagegegenstände dar.

D. Finanzplan
> Zeigt, wieviel Eigen- oder Fremdmittel vor und nach der Planperiode zur Verfügung stehen bzw. kurz-, mittel oder langfristig beschafft werden müssen.

In der Regel geht man vom Absatz als Primärplan aus. An seine Stelle tritt der Finanzplan, wenn zur Finanzierung des möglichen Absatzes nicht genügend Mittel vorhanden sind. Der Produktionsprogrammplan bildet die Grundlage, wenn die Absatzmöglichkeit größer als die Erzeugungsfähigkeit ist. Schließlich muß man auf dem Einkaufsplan aufbauen, wenn die Rohstoffe für den erzielbaren Absatz nicht beschafft werden können. Die Länge der Planperiode hängt von der Übersehbarkeit der Zukunft ab; meist entspricht sie dem Geschäftsjahr, von dem ausgehend Teilpläne über kleinere Zeitabschnitte aufgestellt werden. Meist werden die Pläne auf Blättern, Karten, Konten oder in statistischer Form aufgestellt. Die Aufstellung selbst erfordert einen tiefen Einblick in das gesamte Betriebsgefüge über das eigene Arbeitsfeld hinaus und fördert die Erkenntnis der Tragweite einzelner Entscheidungen.

A. Absatzplanung [2]

Der Vertrieb entwickelt anhand eines vorhandenen *Sortimentes* (Gesamtheit der verschiedenen Erzeugnisse, die ein Betrieb auf dem Markt anbietet) oder nur auf Grund von Marktforschung einen *Verkaufsplan* neuer Erzeugnisse nach Menge, Termin und Preisgrenzen, innerhalb welcher die Produkte abzusetzen sind.

3. Der Verkaufsplan muß rechtzeitig vor Beginn eines jeden Geschäftsjahres neu aufgestellt werden; er ist Ausgangspunkt der angestrebten Geschäftsentwicklung. Ausgegangen wird meist vom bisherigen Umsatz, in der Einstoff- und Sortenherstellung von Längen-, Flächen-, Raum- oder Gewichtsangaben, wobei im Rahmen des sogenannten Marketing der Vertrieb (Bild 1) nicht allein Marktlücken für ein Erzeugnis festgestellt, sondern neue Märkte, auch für neue Produkte, schafft.

Während um 2000 v. Chr. im alten Babylon sich der Wasserbauer vom Astrologen besonders günstige Zeiten für seinen Getreidetausch gegen Gold oder Silber aus den Sternen deuten ließ, geht 1500 Jahre später der griechische Großgrundbesitzer oder Händler zum Orakel von Delphi und dort erkundet die Priesterin

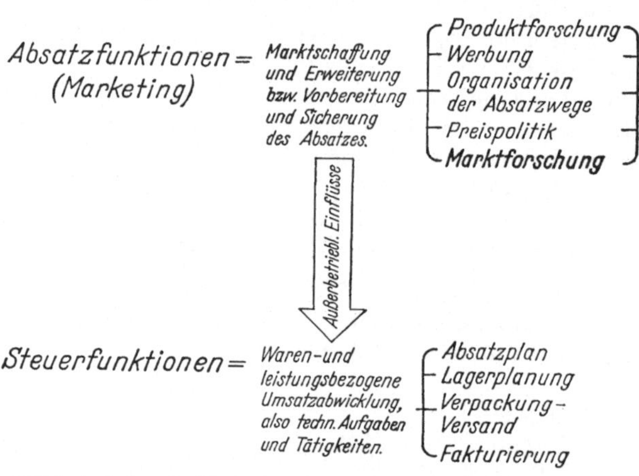

Bild 1. Aufgaben des Vertriebes nach Absatz- und Steuerfunktionen.

Pythia Gunst oder Mißgunst der Götter für seinen Getreide-, Vasen- oder Sklavenhandel. Wiederum 2000 Jahre danach, im Mittelalter, gehörte das „Menschliche" zum Beruflichen. Das Gespräch über private Angelegenheiten, die Aufnahme des aus fernen Landen kommenden Partners im gastfreien Haus schuf Geschäfts- und Familienverbundenheiten über Generationen wie es auch selbstverständlich war, daß so auf Qualität und Aussehen des Wirtschaftsgutes wesentlich Einfluß genommen wurde. Heute, nachdem viele Absatzgebiete übersättigt sind, auf dem Exportmarkt immer mehr Absatzsuchende aufeinandertreffen, die Ansprüche des Kunden immer höher, seine Entscheidungen infolge seines Riesenangebotes unsicher und oft sprunghaft werden, findet abermals eine Aufgabenüberprüfung des Vertriebes statt, der oft zu einer „Nachfrageproduktion" geworden ist.

Folgende Mittel stehen im Absatzbereich eines Unternehmens zur Verfügung, auf wirtschaftliche Geschehnisse — Konjunktur, Saisoneinflüsse, strukturelle Wandlungen — aber auch nichtwirtschaftliche — staatliche Eingriffe, politische Ereignisse, Katastrophen — teilweise mitbestimmend einzuwirken:

a) Die Produktforschung zur Ermittlung der Anforderungen der bisherigen oder noch zu gewinnenden Käufer an das eigene und vielleicht auch an das Konkurrenzfabrikat, hinsichtlich Gebrauchs- und Zusatznutzen (z. B. Prestigebesitz bei Konsum- und Luxusware). Dabei spielt der sogenannte Lebenszyklus des Produktes — „Entwicklung zur Marktreife, Aufstieg am Markt, Höhepunkt der Absatzfähigkeit, Abnahme und Ausscheiden aus dem Markt" — infolge Weiterentwicklung der Wissenschaften und Technik oder Änderung des Geschmackes oder der Lebensgewohnheiten eine wesentliche Rolle.

b) Der Werbeplan, mit dessen Hilfe der Unternehmer im Sinne der Marktschaffung oder -erhaltung (Ausgleich von Saisonschwankungen usw.) auf den Markt Einfluß nimmt, legt Werbemittel in Bild und Wort (Anzeigen, Prospekte, Werbebriefe, Ausstellungen, Fernsehen, persönliche Werbung) fest. Zu beachten bleibt die Werbung für die große Fertigungsstückzahl, auch in der Maschinen- und Metallindustrie, durch Propagierung bestimmter *Auswahltypen*.

Da das Ziel jeder Werbung der *Verkauf* ist, muß man sich zuerst über den Ablauf einer Verkaufshandlung klar sein, bevor die Werbemittel und ihr Einsatz festgelegt werden. Die Buchstaben des in Amerika benutzten Stichwortes „AIDA" bezeichnen 4 nacheinander ablaufende Geschehnisse, wobei A (attention) für Aufmerksamkeit steht, mit der der Mensch einen auf ihn einwirkenden Impuls erfaßt. Bewußtwerden und Hinwenden bedeuten Interesse I (interest) und daraus entspringt der Drang D (desire) oder Wunsch nach Besitz, der schließlich das Kaufen A (action) auslöst. Beim Menschen reichen die Motive zum Handeln von der verstandesmäßigen Überlegung bis zur unbewußt gefühlsmäßigen Entscheidung. Sie sind durch unbewußte Erlebnisse und verstandesmäßige Einsichten zu beeinflussen. Hier setzt die Werbung als Gemeinschafts- oder Einzelwerbung an, wobei sie durch Kontraste in Form und Farbe, durch neue, die Aufmerksamkeit erregende Gestaltung der Werbemittel, durch den Appell an die Phantasie, an Triebe, Ehrgeiz, Interesse und den Wunsch nach Besitz und durch dauernde Wiederholung, durch Hinweis auf die Steigerung des Gruppen- und Sozialprestiges beim Verbrauchen oder Zeigen der Güter den Entschluß zum Kauf herbeiführt.

c) Ein weiteres Mittel zur Ausweitung des Absatzes ist die Organisation der Absatzwege, mit denen der Betrieb in den Markt hineinreicht: Handelsvertreter, Reisende, Handelsbetriebe, Versandgeschäfte usw.

d) Preisstellung. Die Möglichkeit, den Absatzumfang durch die Preisstellung zu beeinflussen, stellt oft hohe Anforderungen an das volkswirtschaftliche Verantwortungsbewußtsein der Unternehmer (auch Staaten: Dumping). *Preisstaffeln* nach Größe der vom Kunden erteilten Aufträge oder *Aufschläge* für Sonderanfertigungen bieten sich besonders dort an, wo die Fertigung großer Mengen wesentliche Einsparungen durch Vermeidung häufigen Serien- und Sortenwechsels bringen.

e) Die Marktforschung als verfeinerte Marktbeobachtung ist heute für ein Unternehmen ebenso wichtig wie die Beobachtung des internen Betriebsgeschehens und schafft zudem die Voraussetzungen, den Einsatz der verschiedenen Absatzmittel zu verstärken. Sie beruht auf mündlicher, schriftlicher, telephonischer Befragung (Primärerhebung), Sammlung vorhandenen Materials, Umsatzstatistik nach Artikelgruppen und Vertreterbereichen, Verbands-, Bank- und Konjunkturforschungsberichten (Sekundärerhebung) sowie sonstigen Beobachtungen. Größen, die die Marktlage besonders bestimmen, sind noch die Bevölkerungsanalyse, besonders für Konsumgüter oder Produktionsmittel zu ihrer Herstellung, die Analyse des Je-Kopf-Verbrauches, des allgemeinen volkswirtschaftlichen Trends, der Entwicklung des Sozialprodukts, der Investitionen für wichtige Wirtschaftszweige, die Entwicklung von Produktion, Beschäftigungszahlen, Einfuhr und Ausfuhr und die der Konkurrenzunternehmen. Alles soll in vergleichender Betrachtung zur Beurteilung des erwarteten Umsatzes und zur Feststellung dienen, ob alle Mittel des Vertriebes den Anforderungen des Marktes und des Wettbewerbes entsprechen.

Alle diese Überlegungen finden ihren praktischen Niederschlag im *Verkaufsplan* (Tab. 2), der hier vereinfacht dargestellt ist, wobei aber immer folgende Abstimmungen notwendig sind:

1. Schätzung des Absatzes, vorbereitet durch die einzelnen Verkaufsabteilungen.
2. Prüfung durch die Verkaufsleitung.
3. Prüfung durch die Produktionsabteilungen hinsichtlich der Produktionsmöglichkeit und -fähigkeit, einschließlich Materialbeschaffungsmöglichkeit.
4. Prüfung durch die Finanzabteilung im Hinblick auf die Finanzierungsmöglichkeit oder Kapitalbereitstellung.
5. Endgültige Festlegung durch die Direktionssitzung.

Tabelle 2. Verkaufsplan

Planzeit: Januar—Juni Erzeugnis			Monat					
			Januar		Februar		Juni	
			St	M¹	St	M¹	St	M¹
Art: Erzeugnis 1 1 St = M 680	Vorjähr. Monatslief.		*60*	*40 800*	*80*	*54 400*	*10*	*6 800*
	Geplante Monatslief.		60	40 800	80	54 400	20	13 600
	Davon für Inland	Absatzgebiet I	40		50			
		Absatzgebiet II	15		30			
	für Export		5		—			
Art: Erzeugnis 2 1 St = M 350	Vorjähr. Monatslief.		*100*	*35 000*	*50*	*17 500*	*30*	*10 500*
	Geplante Monatslief.		100	35 000	50	17 500	30	10 500
	Davon für Inland	Absatzgebiet I	70		10			
		Absatzgebiet II	30		20			
	für Export		—		20			
Art: Ersatzbedarf	Vorjähr. Monatslief.		—	*12 300*	—	*11 450*	—	*10 000*
	Geplante Monatslief.		—	12 000	—	15 100	—	12 000
	Davon für Inland	Absatzgebiet I	—	6 000				
		Absatzgebiet II	—	1 500				
	für Export		—	4 500				
Monatsumsatz im Vorjahr			—	*88 100*	—	*83 350*	—	*27 300*
Geplanter Monatsumsatz			—	87 800	—	83 400	—	36 100

¹ Vgl. Fußnote S. 15.

Somit sind bereits im Verkaufsplan die bestehenden Betriebsverhältnisse hinsichtlich Kapazität, Beschaffung und Finanzierung zu berücksichtigen. Bekanntlich ist die *technische Kapazität* als *höchstmögliches* Ausbringungsvermögen in der Praxis nicht bzw. nicht kostengünstig erreichbar. Infolge Ausfall von Maschinen und Betriebsmitteln (Abkühlzeiten, Reparatur, Pflege), Fehlen von Arbeitskräften (Urlaub, Krankheit usw.), Ausschuß und organisatorischer Mängel (fehlendes Material, Wartezeiten), weiter infolge unvollkommener Abstimmung bei breitgestreutem Fabrikationsprogramm, auch infolge menschlicher Unzulänglichkeit und dgl. ist die *wirtschaftliche Kapazität* allgemein nur 75 bis 90% der technischen. Nach dieser Zahl muß festgelegt werden, ob die bisherige Kapazität ausreichend ist oder die Marktverhältnisse eine Erweiterung verlangen. Es wird also der *Beschäfti-*

gungsgrad ermittelt und zwar als Gegenüberstellung von technisch möglicher und tatsächlicher Leistung. Dabei ist besonders auf die Grenzkosten zu achten, die eine Hereinnahme von *Füllaufträgen* zur Auslastung des Betriebes (Deckung aller festen und veränderlichen Kosten) rechtfertigen. Ferner ist zu beachten, daß ein zu breites Sortiment einer wirtschaftlichen Massen- oder Serienfertigung und damit der Forderung nach Mechanisierung und Automatisierung der Fertigung entgegensteht. Untersuchungen über die Verkaufsstückzahlen und Umsatzzusammensetzung der verschiedenen Erzeugnisse und Typen (Auftragsstruktur) sind daher unabdingbar, wobei oft überraschende Ergebnisse zu Tage treten.

Ein Beispiel [3] zeigt Bild 2. Hier erbrachten nur 4 Typen bereits 66% der Gesamtfertigungsstückzahl, während anderseits 47 Typen nur 6% erreichten. Die Auswirkungen einer Typenbeschränkung in einer Herd-

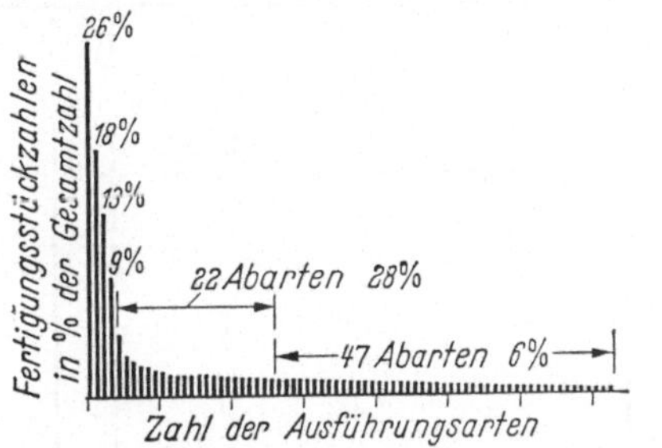

Bild 2. Elektrische Scheibenwischer nach Stückzahlen der einzelnen Typen (Lieferjahr 1955) geordnet. RKW-Untersuchung.

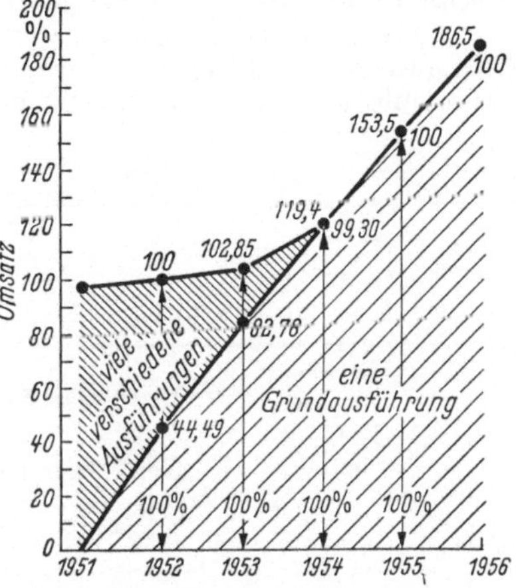

Bild 3. Auswirkung der Typenbeschränkung in einer Herdfabrik: Umsatzentwicklung.

fabrik, in der 1952 noch 23 verschiedene Herdmodelle mit teilweise 0,02% bis höchstens 18% Gesamtumsatzanteil fabriziert wurden und die nach einer entsprechenden Marktforschung ab 1954 auf 4 Typen umgestellt wurde, zeigt Bild 3. Entgegen der Ansicht, daß nur eine Typenvielfalt ein Bestehen gegenüber der Konkurrenz sichere, ist hier bei höheren Löhnen und Materialpreisen, aber gleichbleibenden Verkaufspreisen, nicht nur der Gesamtumsatz ganz wesentlich gewachsen, sondern auch der Gewinn gestiegen. Und dies durch Einsparung an Vertriebs-, Entwicklungs- und Konstruktionsarbeit, weniger Auftragskosten in der Arbeitsvorbereitung und Terminstelle, wesentlich geringere Umrüst-(Einrichte)kosten in der Fertigung, Raum- und Arbeitsersparnis im Lager und Versand sowie Verwaltungsersparnis in der Rechnungsstelle und Buchhaltung. Außerdem ist damit auch eine ganz wesentliche Forderung der Absatzplanung erfüllt, daß nämlich nicht nur der Umsatz, sondern auch ein entsprechender Gewinn mitzuplanen ist.

4. Der Vertriebsaufwandsplan legt die Verkaufskosten fest, also den Aufwand der Verkaufsleitung, der Verkaufsverhandlungen und des Versandes, er bestimmt den möglichen Anteil dieser Kosten am Umsatz und für jede Erzeugnisgruppe. Außer der Aufteilung in absatzabhängige und absatzunabhängige Kosten ist eine Gliederung nach Absatzzonen und u. U. nach Verkäufern zweckmäßig.

B. Produktionsprogramm-Planung

Mit der Aufstellung des Verkaufsplanes sind die Unterlagen für die Produktionsabteilungen gegeben. Im Produktionsprogramm als der zeitlich geordneten Zusammenstellung vorliegender Kunden- oder Vorratsaufträge für die Produktion innerhalb eines bestimmten Zeitabschnittes muß nun je nach saisonmäßigen oder sonstigen Schwankungen im Verkaufsplan eine Verdichtung oder Aufteilung des Bedarfes nach Menge und Zeit erfolgen. Dabei werden unter dem Begriff der Produktion[1] alle Gebiete der betrieblichen Leistungserstellung verstanden, gleich ob es sich um die Fertigung von Gütern geometrisch definierter Form oder die Verfahren der stoffbereitenden oder -veredelnden Erzeugung von Gütern oder um die Gewinnung von Energie handelt.

5. Der Durchführungsplan (Tab. 3) übernimmt mit Rücksicht auf gleichmäßige Fertigungsdichte über das ganze Jahr die unter Umständen saisonbedingten Absatzmengen nicht unmittelbar in die einzelnen Monate, sondern verteilt sie entsprechend. Es handelt sich also um die Zusammenfassung gleichartiger Erzeugnisse, Gruppen oder Einzelteile als Sollmengen in den einzelnen Planzeiträumen.

Die Fertigungszeiten liegen durch Schätzung, Vorrechnung oder bei bereits öfter gefertigten Erzeugnissen durch Arbeitszeitstudien fest und damit auch die monatlichen Fertigungsstunden. Tarifurlaubszuschläge sowie Gemeinkosten-Stundenzuschläge ergeben über die Monatsarbeits-

Tabelle 3. *Erzeugungs-Durchführungsplan*

1		2	3	4		9
Planzeit: Januar—Juni		Monat				
Erzeugnis		November	Dezember	Januar		Juni
Art: Gerät 1 M 680,–	Lieferg. lt. Verk.-Pl.	10	20	60		20
	Gepl. Monatslose	—	1×50	1×50		1×50
Für Stck. / Benöt. Fert.-Std.	Bearbtgs.-Beginn					
1 / 120	Notw. Fert. Std.	—	6000	6000		6000
Art: Gerät 2 M 350,–	Lieferg. lt. Verk.-Pl.	300	200	100		30
	Gepl. Monatslose	250	100	100		50
Für Stck. / Benöt. Fert.-Std.	Bearbtgs.-Beginn					
1 / 50	Notw. Fert.-Std.	12500	5000	5000		2500
Art: Ersatzteile	Lieferg. lt. Verk.-Pl.					
	Gepl. Monatslose					
Für Stck. / Benöt. Fert.-Std.	Bearbtgs.-Beginn					
	Notw. Fert.-Std.	2000	1500	2000		2000
Benöt. Fert.-Std. f. Ges. Erzeugung		14500	12500	13000		10500
(+) Urlaub		—	500	—		2500
(−) Überstunden		1500	—	—		—
Monatlich erford. Fert.-Std.		13000	13000	13000		13000
Erford. prod. Belegschaft rd.		75	75	75		75

stunden die notwendige Gesamtzahl der produktiven und unproduktiven ¦Belegschaft. Über dem „Normal" liegende „benötigte Fertigungsstunden" werden durch Überstunden oder Zweischichtbetrieb, unter „Normal" liegende durch Urlaub ausgeglichen. Dieser Plan ist Ausgang

[1] Begriff „Produktion" s. Kap. II, S. 16.

für die Arbeitsvorbereitung, da in ihm durch schräge Striche von der Linie des Bearbeitungsbeginns zum jeweiligen Liefermonatsende der Termin der Auftragsaufgabe oder Materialbereitstellung festliegt. Bei der Einstoff- und Sortenherstellung ist die Planzahl meist nicht die Arbeitszeit, sondern z. B. m Draht, m² Blech usw.

a) Für die **Abstimmung** zwischen **Verkaufs-** und **Produktions**programm gibt es grundsätzlich 3 Möglichkeiten:

1. *Gleichlaufsprinzip*: Erzeugung = Absatz

Kapazität muß größten Anforderungen gerecht werden, daher hohe Investitionen. Aus personellen und finanziellen Gründen bei Saisonbetrieben selten möglich!

2. *Ausgleichsprinzip*: Erzeugung = Jahres(Monats)durchschnitt ± Lagermenge

Gleichmäßige Beschäftigung der kapazitätsmäßig nicht zu hoch ausgelegten Anlagen. Lagermöglichkeit und Finanzierung muß gewährleistet sein. Ein Arbeiten auf Lager ist aber nur dann möglich, wenn die zu fertigenden Güter nicht umfangsmäßig zu groß oder einmalig sind (Investitionsanlagen), und wenn eine Entwertung von Vorräten in der Lagerzeit nicht zu befürchten ist (Nicht haltbare Waren, Modeartikel usw.).

3. *Stufenprinzip*: Erzeugung = wirtschaftliche Losgröße laut Rechnung.

Optimale Lagerhaltung, jedoch nicht unbedingt günstigste Kapazitätsauslastung.

Die Entscheidung über den Ausgleich der Interessen zwischen einer gleichbleibenden, preisgünstigen Fertigung (zweckmäßige Ausnutzung der Betriebskapazität und Arbeitskräfte) und dem Streben nach wirtschaftlicher Lagerhaltung (Sicherung der Lieferbereitschaft und schneller Lagerumschlag) wird danach ausfallen, ob die Kostenersparnis durch gleichmäßigere Produktion und entsprechend niedriggehaltene Gesamtkapazität der Anlagen oder die Zinsen für den verlangsamten Kapitalumschlag (einschl. Lagerkosten) überwiegen. Zu berücksichtigen ist natürlich die konjunkturelle Entwicklung auf den Märkten, für die es folgende Anpassungsmöglichkeiten gibt:

Steigende Konjunktur: Lagerverminderung; Lieferzeitverlängerung; Überstunden; mehr Arbeitskräfte; Inbetriebnahme weiterer Anlagen

Fallende Konjunktur: Lagervergrößerung (zugleich mehr Lagerarbeit); Betriebsaufträge (Instandsetzung der Betriebsmittel usw.); Kurzarbeit; Entlassungen

b) **Wirtschaftliche Losgröße** [*4*]. Bei der Unterteilung der im Fertigungsprogramm festgelegten Mengen in sogenannten Werkstatt- oder Fertigungsaufträge, *Losgrößen*, können *zu kleine* Losgrößen den Anteil der Aufwendungen für die Umstellung der Produktionsmittel hoch halten. Außerdem können die auch meist in den Gemeinkosten enthaltenen *Auftragsabwicklungskosten* (Auftragschreiben, Materialausgabe und Verrechnung, Terminüberwachung, Lohn- und Zeitverrechnung in der Werkstatt und im Lohnbüro usw.), die *Einarbeitungs-* und *Transportkosten* sowie höherer Ausschuß für den jeweiligen *Fertigungsanlauf* u. dgl. stark ins Gewicht fallen.

Bild 4 zeigt ein Beispiel des RKW, in welchem allerdings noch anteilige Werkzeugkosten auf die Losgröße umgelegt wurden, was sich bei wiederkehrender Serienfertigung nicht so stark auswirkt. Nach dem Verlauf der Kurve wird es ab 25000 Stück kostenmäßig uninteressant, höhere Stückzahlen aufzulegen. Dabei sollen die *Auftragsabwicklungskosten* nicht unterschätzt werden. Sie betrugen beispielsweise in einem Großunternehmen je Einzelteil (nicht je Erzeugnis, das aus vielen Einzelteilen bestehen kann) DM 35,– für ein Teil mit 3 Arbeitsgängen; mit jedem weiteren Arbeitsgang kamen DM 5,– hinzu

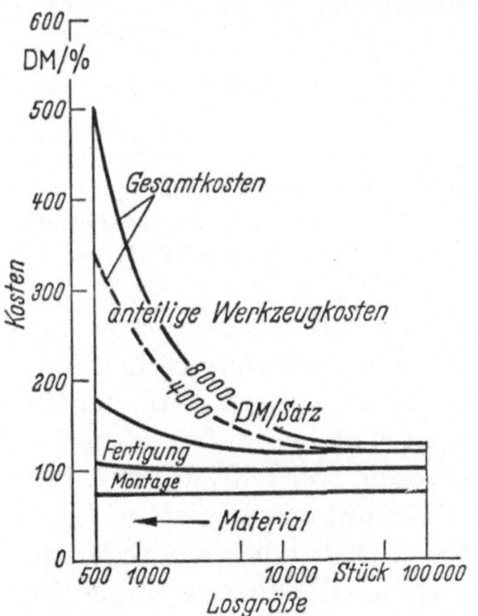

Bild 4. Selbstkosten eines Erzeugnisses bei verschiedenen Losgrößen, wobei die anteiligen Werkzeugkosten besonders hoch sind (nach RKW = Rationalisierungskuratorium der Wirtschaft).

(Stand 1959). Weiter ergaben diese Kosten in einem Unternehmen mit 2000 Mann Belegschaft DM 20,– im Durchschnitt, während das RKW in einer Armaturenfabrik ermittelte, daß jeder Auftrag unter DM 10,– ein Geschenk an den Kunden darstellt und daß eine vollkommen falsche Vorstellung über die Auftragsabwicklungskosten herrschte.

Der Tendenz zur *großen* Losstückzahl wirken allerdings in Unternehmen mit vielseitiger, wechselnder Auftragszusammensetzung lange Maschinenlaufzeiten bei den Engpaßmaschinen entgegen, ferner Materialstauungen an den Arbeitsplätzen bei Arbeitsweise nach dem Verrichtungsprinzip (s. Abschn. 27) und besonders Zins- und Lagerkosten dort, wo nicht die ganze Auftragsstückzahl sofort abgesetzt wer-

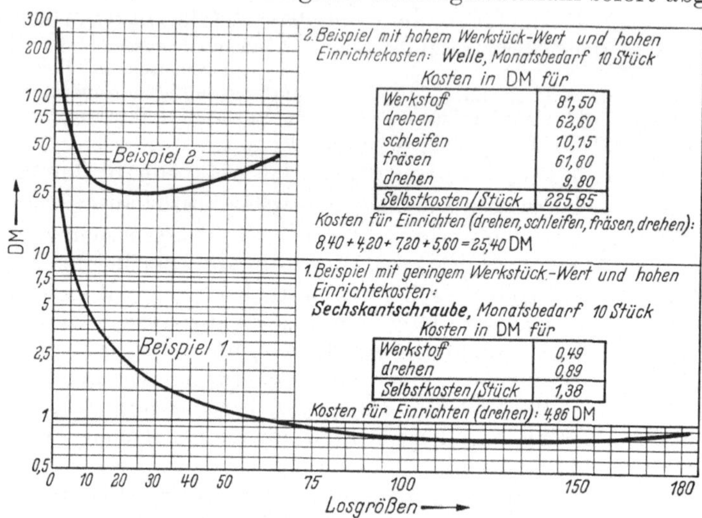

Bild 5. Einfluß der Werkstoff- und Einrichte(Rüst)kosten auf die wirtschaftliche Losgröße.

den kann. Bild 5 zeigt, daß bei geringen Materialkosten je Teil die wirtschaftliche Losgröße wesentlich höher ist als bei hohen Materialkosten (Zins- und Lagerkosten!) K. ANDLER hat mit gewissen vereinfachenden Annahmen die Formel aufgestellt[1]:

$$\text{Optimale Losgröße } \varkappa = 49 \ \sqrt{\frac{M \cdot E}{P \cdot Z}},$$

worin:

M = Monatsbedarf,
P = Stückkosten (Werkstoff, Fertigungslohn ohne Einrichtelohn, Fertigungsgemeinkosten),

E = Einrichtekosten (Rüstkosten, organisatorische Auftragsablaufkosten),
Z = Zinssatz in vH. für im Lager gebundenes Kapital.

6. Der Einkaufsplan [5] legt auf Grund des Produktionsprogrammes oder statistischer Verbrauchszahlen den Bedarf an Fertigungs- und Hilfsmaterialien sowie die günstigsten Bedingungen fest, unter denen die Einkaufsabteilung mit den Lieferwerken die Kaufverträge und Anliefertermine bestimmt. Dabei muß mit betriebspolitischem Fingerspitzengefühl die Entscheidung getroffen werden zwischen langfristigen Verträgen auf große Mengen bei günstigem Preis mit nur einzelnen Lieferwerken und der Verbindung mit mehreren Bezugsquellen für jeweils kleinere Mengen bei meist höherem Preis. Die große betriebswirtschaftliche Bedeutung dieses Problems liegt darin, daß von der Vorratshaltung die Möglichkeiten der Fertigung und damit des Absatzes abhängen, aber auch mit der Kapitalbindung und der Lager-

---

[1] Diese Formel liegt dem AWF-Sonderrechenstab SR 744 zugrunde (Beuth-Vertrieb).

verwaltung Kosten bzw. durch die Marktabhängigkeit Risiken entstehen. Die Notwendigkeit einer rechtzeitigen Bereitstellung steht der Forderung nach Sparsamkeit gegenüber.

Um die zweckmäßigste Eindeckung nach Menge und Zeit zu erkennen, muß man die durch den Einkauf größerer Mengen entstehenden zusätzlichen Lagerkosten bei kleinen Einkaufspreisen mit den Kosten vergleichen, die bei kleineren Einkaufsmengen, also auch kleineren Lagern, aber höheren Einkaufspreisen entstehen. Für eine zielstrebige Lager(Einkaufs)-politik sind 4 Gruppen von Lagerhaltungskosten zu beachten:

1. Raumkosten infolge Abschreibung, Instandhaltung, Versicherung der Einrichtungen, Beleuchtung, Heizung usw.

2. Kosten der Lagerbestände für Verzinsung des gebundenen Kapitals, Verderb, Schwund oder sonstige Mengen- und Güteminderung, Versicherung und anteilige Steuern.

3. Kosten für Transport und eventuell mengenmäßige und gütemäßige Erhaltungs-Behandlung (Pflege) der lagernden Güter.

4. Verwaltungskosten, Personal- und Rechnungswesen.

Zur Überwachung des Einkaufsvolumens, insbesondere bei rückläufiger Bewegung der Auftragseingänge und Schrumpfung der Auftragsbestände, kann eine Kennziffer gute Dienste leisten, die aus dem Kostenverhältnis der noch aufgegebenen Materialbestellungen und den unerledigten Kundenaufträgen für Fertigfabrikate gebildet wird.

Der Bedarf an Fertigungswerkstoffen (einschl. fertig von auswärts bezogener Teile) kann nach *Aufträgen* oder auf Grund des *Lagerverbrauchs* ermittelt werden. Näheres hierzu siehe Heft 100 ,,Arbeitsvorbereitung II", 4. Aufl.

7. Der Aufwandsplan, auf Grund der im Produktionsprogramm festgelegten Mengen und Zeiträume nach Material-, Lohn- und Gemeinkosten getrennt geführt, enthält Sollzahlen, die das richtige Maß der Beeinflussung der Kosten durch außer- und innerbetriebliche Größen berücksichtigen müssen, z. B. Durchschnittszahlen aus dem tatsächlichen Arbeitsablauf der Vergangenheit oder besonders errechnete Planzahlen. Dabei verwendete Standard-Werte entsprechen der günstigsten Kostengestaltung bei dem jeweiligen Beschäftigungsgrad, also der erzielbaren Bestleistung der Kostenstelle. Optimal- oder Plankostenzahlen setzen neben der Bestleistung der Kostenstellen auch eine Bestausnutzung der richtig abgestimmten betrieblichen Leistungsfähigkeit (Kapazität) voraus. (Siehe Plankostenrechnung in Heft 100 ,,Arbeitsvorbereitung II").

C. Investitionsplan [6]

Allgemein versteht man unter ,,*Investieren*" das langfristige Festlegen von Mitteln in Gegenständen des Sachanlagevermögens, um wirtschaftliche Ziele zu erreichen. Im Industriebetrieb sind diese Sachgüter in erster Linie technische Einrichtungen für Produktion, Transport und Lagerung, wobei technische und wirtschaftliche Gesichtspunkte entscheidend sind. Die Notwendigkeit oder Zweckmäßigkeit einer Investition wird im Zusammenhang mit dem Produktionsprogramm festgestellt. Der Investitionsplan enthält die Änderungen an Investitionen (Anlagewerten) in der Planperiode. Einrichtungen, die nur für bestimmte Aufträge erforderlich sind, müssen dabei aus diesen kostenmäßig gedeckt sein. Es ist daher von Fall zu Fall zu prüfen, ob und in welcher Höhe diese Kostenanteile im vorliegenden oder zu erwartenden Umsatz enthalten sind. Voraussetzung aller übrigen Investitionen sind Wirtschaftlichkeitsuntersuchungen, wobei die Kosten des bisherigen Verfahrens denen des geplanten gegenübergestellt werden. Jedoch nicht immer sind nur allein Einsparungen für die Neubeschaffung von Anlagen maßgebend, es gibt auch Umstände, die zahlenmäßig nicht genau erfaßbar sind, so z. B. Vorteile, die einer Verbesserung der Arbeitsbedingungen oder des Arbeitsergebnisses entspringen, die aber auch eine Investition veranlassen. Desgleichen können Investitionen infolge Unbrauchbarwerdens als Ersatzbeschaffungen oder zur Erzielung einer bestimmten Ausbringung zwecks Vertragserfüllung und u. U. aus bilanzmäßigen Gründen (Abschreibungsmöglichkeit) notwendig werden.

a) Zeitlicher Nutzungsgrad der Anlagen. Allgemeiner Ausgangspunkt jeder Investitionsüberlegung wird wohl zuerst einmal die technisch richtige Auswahl der für die vorliegende Fertigungsaufgabe günstigsten Anlage (Maschine, Einrichtung) sein. Besonders bei breitgestreutem Sortiment und wechselndem Fertigungsprogramm ist diese Auswahl oft nicht einfach (vgl. auch Kap. II). Nachdem die Anforderungen hinsichtlich technischer Gestaltung, Antrieb, Genauigkeit und Platzbedarf ermittelt sind, ergibt sich:

$$\text{zeitlicher Nutzungsgrad} = \frac{\text{Nutzungszeit}}{\text{Bereitschaftszeit}}$$

Darin ist *Nutzungszeit* die Summe aller Auftragszeit (Rüstzeit + Ausführungszeit für die als Auftrag jeweils zusammengefaßten Einheiten) und *Bereitschaftszeit* die täglich, wöchentlich, monatlich oder jährlich mögliche Laufzeit der Maschine.

b) Rentabilität. Soll nun eine Investition rentabel sein, so müssen im gleichen Zeitraum die Einnahmen aus dem Ertrag der Investition größer sein, als die mit der Investition verbundenen Ausgaben, die sich aus Kapitaldienst, Betriebs- und Instandhaltungskosten zusammensetzen. Der *Kapitaldienst* (Abschreibung, Verzinsung) errechnet sich dabei aus der Beschaffungssumme nebst Einbaukosten, abzüglich Alt(Rest)wert (zum Zeitpunkt der Außerbetriebnahme), geteilt durch die Lebensdauer (Abschreibungszeitraum) in Jahren und der Zinsen, die bei in der Bank angelegtem Kapital anfallen würden. Die Höhe der *Betriebskosten* hängt von der Nutzungszeit, den Raum-, Antriebs-, Bedienungs-, Hilfsstoff- und evtl. Materialkosten (für das Erzeugnis) ab. *Instandhaltungskosten* sind auf Grund von Erfahrung zu schätzen.

Allen Wirtschaftssystemen ist das Prinzip der Betriebserhaltung gemeinsam, d. h. das Bestreben geht dahin, über Aufwandsersatz bzw. Kostendeckung sowie Substanzerhaltung hinaus noch genügend Rückstellungen für nach Höhe und Fälligkeit ungewisse Gefahren und Risiken zu machen. Man setzt also den Ertrag aus der Fertigung abzüglich der entstandenen Kosten zum eingesetzten Vermögen (Kapital) an Materialvorräten, Arbeitsmitteln und Geldmitteln ins Verhältnis und erhält betriebliche Rentabilitätskennzahlen. Diese *privatwirtschaftliche Rentabilität* hat sich allgemein den Forderungen *volkswirtschaftlicher Nützlichkeit* einzuordnen, d. h. es ist zuerst Mangelware zu produzieren, verarbeitete Rohstoffe dürfen in der Gesamtwirtschaft keine Engpässe verursachen und die Verbesserung der Rentabilität darf nicht zu einer Störung des Gesamtwohls durch z. B. Verschmutzung der Flüsse durch nicht gereinigte Abwässer usw. führen.

c) Wirtschaftlichkeit. *Wirtschaftlichkeitskennzahlen* erhält man, wenn der Wert der Fertigung in Geld als Ertrag ins Verhältnis zu den Kosten des Einsatzes (Material-, Arbeits- und Kapitalkosten) gesetzt wird, wobei man immer von der Fertigungsleistung in Stück, kg, Meter usw. ausgeht. Die Wirtschaftlichkeit der Erzeugung setzt voraus, daß die gewählte Fertigungsaufgabe der jeweiligen Markt- und Wettbewerbslage entspricht und sich alle Einrichtungen und Verfahren sinnvoll dem gesteckten Wirtschaftsziel unterordnen. Will man die Wirtschaftlichkeit verschiedener Projekte vergleichen, so trägt man die Kosten graphisch auf und erhält durch Zusammensetzen der festen Kosten (Abschreibungen, Verzinsung, Raum-, Instandhaltungs-) und veränderlichen Kosten (Antriebs-, Bedienungs- und evtl. Materialverbrauchskosten je Mengeneinheit) zwei Strahlen als jeweilige Gesamtkosten, die sich in einem bestimmten Punkt (kritischer Umsatz) schneiden (Bild 6). Links von diesem Punkt ist das alte,

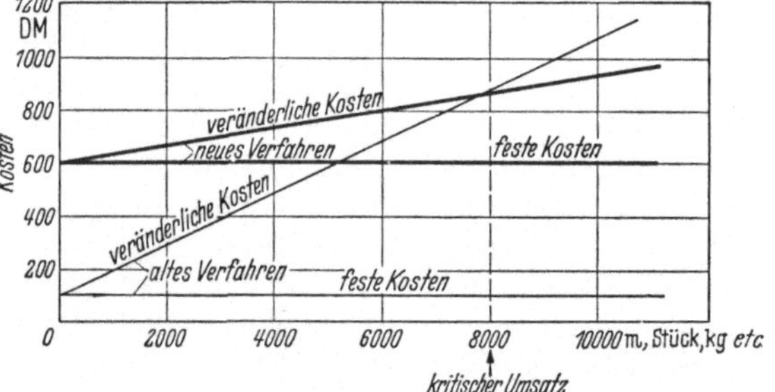

Bild 6. Ermittlung des kritischen Umsatzes oder der Erzeugungsmenge bei einer Verfahrensänderung mittels der sogenannten Kostenschere, bei linearem Kostenverlauf. Allgemein werden sich die Gesamtkosten aus den festen und veränderlichen Gemeinkosten und dem Aufwand für Material und Lohn zusammensetzen, wobei die veränderlichen Kosten proportional, über- oder unterproportional bzw. auch in Stufen steigend sein können.

rechts davon das neue Verfahren billiger. Bleiben einige Kostenfaktoren bei beiden Verfahren gleich, so braucht man dann weiterhin nur die sich ändernden Kostenarten zu vergleichen. Dabei zeigt sich allgemein, daß der Kapitaldienst in erweiterter Form, d. h. Kosten aus Beschaffung von Maschinen, Vorrichtungen, Raum usw., den größten Teil der Gesamtkosten ausmacht. Es ist daher wichtig, sich von der überwiegenden Betrachtung des Lohnaufwandes (Bedienungskosten) zu lösen (Bild 7). Weiter gewinnt die Abschreibungsdauer einschneidende Bedeutung, so daß bei der Beschaffung auf universelle Wiederverwendbarkeit der Anlagen oder ihrer wichtigsten Baugruppen zu achten ist.

Bei allen diesen Überlegungen dürfen nicht nur die Kosten von Einrichtungen oder Verfahren bei *Vollbeschäftigung* verglichen werden, sondern es ist der zu erwartende *Beschäftigungsgrad* zu berücksichtigen.

Im allgemeinen betrifft der Investitionsplan Zugänge an Maschinen und sonstigen Anlagen und ist daher in der Regel Einkaufsplan. Betriebliche Einrichtungen und Vorrichtungen werden aber oft im eigenen Betrieb gefertigt, in diesem Fall greift er auch in den Erzeugungsdurchführungsplan ein, da entsprechende Kapazitäten freigehalten werden müssen und Termine zu berücksichtigen sind.

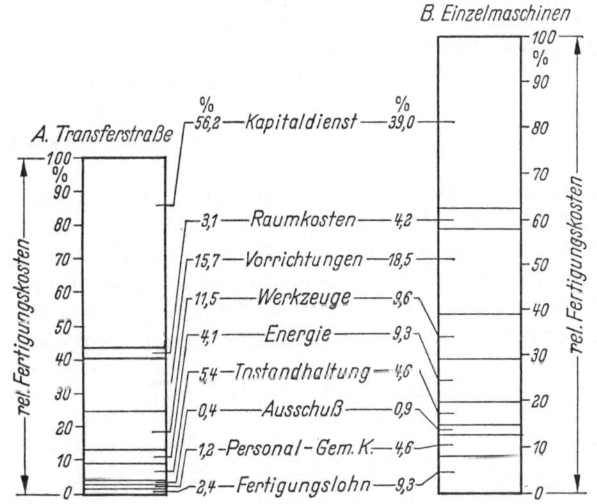

Bild 7. Aufteilung der Fertigungskosten für das Fräsen von Kurbelgehäusen, wobei der verhältnismäßig geringe Fertigungslohn bei mechanisierten Fertigungsverfahren auffällt.

D. Finanzplan [7]

Als Zusammenfassung und Auswertung aller übrigen Pläne gibt der Wochen-, Quartals- oder Jahres-Finanzplan Auskunft über die Fragen
der Geldmittel, um Fertigungs- und Investitionspläne durchzuführen,
der flüssigen Mittel aus dem Absatz der Fabrikate und aus sonstigen Einnahmen,
der Defizit-Finanzierung oder der Anlage überschüssiger Mittel und
der Finanzdispositionen, die den höchsten Gesamtgewinn bringen.

8. Ausgaben. Der Kapitalbedarf zerfällt in Anlagekapital und Betriebskapital. Während die Höhe des Anlagekapitals hauptsächlich vom Investitionsplan beeinflußt wird, ist die Größe des Betriebskapitals abhängig vom Wert des zu fertigenden Erzeugnisses, der Größenordnung der Produktion und der Höhe und Schnelligkeit des Umsatzes. Dabei übt die Fertigungs- oder Verfahrenstechnik durch die Durchlaufzeit, Bindung an Löhne und Materialien, das Lager durch die Höhe der Rohstoffe, Halbfertig- und Fertigfabrikate einen großen Einfluß auf den Kapitalbedarf aus, der außerdem noch durch Verkaufsaußenstände erhöht wird. Der Bedarf für Verwaltung und Vertrieb zeigt eine gewisse Abhängigkeit von der Größe der Produktion, des Lagers und der Einzelverkäufe. Im einzelnen wird auf Grund von Buchhaltungsunterlagen oder statistischer Erfassung früherer Perioden unter Berücksichtigung der geplanten Produktion und der Neuinvestition der monatliche, vierteljährliche oder jährliche Bedarf nach Kostenarten festgelegt. Dabei ist es oft schwer, gewisse Barausgaben und auch Einnahmen genau abzuschätzen, da sie von den Tätigkeiten, die sie verursachen, durch einen gewissen Zeitraum getrennt sind, so z. B. die Bezahlung der Einkäufe oder die Eingänge aus Verkäufen. Mit Rücksicht darauf ist ein Posten „Unvorhergesehenes" einzusetzen.

9. Einnahmen. Zahlungseingänge für gelieferte Waren sind nach Unterlagen der Verkaufsleitungen, Erträge aus Beteiligungen, Veräußerungen, Zinsen und Dividenden nach Angaben der Finanzverwaltung festzulegen. Die Mieteabteilung liefert die Planzahlen für eingehende Mieten, die Materialverwaltung für Verkaufserträge aus Altmaterial, die Patentabteilung für Eingänge aus Lizenzgebühren.

Während die Schätzung der Einnahmen bei Massenfertigung auf den Produktionsprogrammplan zurückgreift, geben bei Serien- und Einzel- bzw. Chargenfertigung meist nur die in der Auftragskartei festgelegten und nochmals überprüften Zahlungstermine den nötigen Anhalt. Einnahmen aus Ersatzteilgeschäften weisen gewöhnlich eine gewisse Regelmäßigkeit auf und lassen sich aus dem Verkauf der letzten Periode ableiten.

10. Überschuß oder Fehlbeträge. Den Abschluß bildet eine geschätzte Bilanz[1] mit Gewinn- und Verlustrechnung (Tab. 4). Der Finanzplan ist laufend zu überwachen und abzustimmen. Überschüsse — liquide (flüssige) Mittel — werden meist als kurz- oder mittelfristige Festgelder zur Finanzierung von Kundenwechseln, längerfristige Anlagen zu Pfandbriefen, Vorauszahlungen an Lieferanten, Kreditrückzahlungen, Gewährung längerfristiger Verkaufsziele verwendet. Zur Be-

Tabelle 4. *Beispiel einer Gewinn- und Verlust-Vorrechnung (Budget)*
für einen größeren Betrieb

Zeile Spalte		"Ist" M	% von Netto-Verkäufen	Standard "Soll" M	% von Netto-Verkäufen
1	Brutto-Verkäufe Export-Vergütung	—		750 000 —	
2	**abzüglich** Preisnachlässe Kassa-Skonto Kursdifferenzen Umsatzsteuer			5 000 8 000 2 000 15 000	
3	**Netto-Verkäufe**			720 000	100 %
4	Produktion: Arbeitstage Wochenstunden Beschäftigte davon Lohnempfänger Produktionswert je Beschäftigten			22 45 301 240 1650	
5	**Herstellungskosten** (301 × 1650) Fabrikation Fracht und Verpackung			500 000 7 000	69 ~ 1
6	**Total**			507 000	~ 70
7	**Brutto-Gewinn** (3—6)			213 000	~ 30
8	**Unkosten** Verwaltung Vertrieb			72 000	10
9	**Total**				
10	Betriebsgewinn Verschiedene Einnahmen (+) Verschiedene Ausgaben (—)			141 000 14 400 36 000	~ 20 2 5
11	Netto-Betriebsgewinn vor Versteuerung Körperschaftssteuer			119 400 57 600	17 ~ 8
12	Netto-Gewinn nach Versteuerung			61 800	~ 9

[1] In diesem wie auch in anderen Beispielen besteht die Bedeutung der angegebenen Kapital- bzw. Kostenbeträge nicht in ihrer absoluten Höhe, sondern allein in ihrem Verhältnis zueinander, das den Erfolg der Fertigungsumstellung erkennen läßt. Deshalb ist auch ein beliebiges Geldzeichen M (Mark) und nicht RM oder DM angegeben.

friedigung kurzfristigen Geldbedarfs an Lohn- und Gehaltsterminen werden angelegte Gelder zurückgezogen, Wechsel weiterverkauft, Wertpapiere beliehen, Bereitstellungs- oder Bankkredite in Anspruch genommen, Schuldverschreibungen und Aktienausgabe kommen bei längerfristigem Bedarf (Produktionsausweitung) in Frage.

Erst wenn alle Teile der betrieblichen Planung zweckentsprechend durchgeführt sind, darf man erwarten, daß verfahrensmäßig und arbeitstechnisch alle Voraussetzungen für die betriebstechnische Höchstleistung erfüllt sind und daher auch im Ergebnis keine Überraschungen kommen können. Auch die Überprüfung des Vorhabens ist erst durch die Koppelung technischer und betriebswirtschaftlicher Betrachtungen möglich.

II. Produktionsplanung

Alle vor der eigentlichen Produktion liegenden einmaligen Maßnahmen für die Gestaltung des Erzeugnisses sowie die Planung und Bereitstellung der Betriebsmittel und Menschen haben einen besonderen Einfluß auf den späteren wirtschaftlichen Arbeitsablauf. Dabei gliedert sich die Produktion als allumfassender Begriff betrieblicher Leistungserstellung nach DOLEZALEK [41] in 3 Teilbereiche:

Die Fertigungstechnik
zur Erzeugung und Verbesserung von Gütern geometrisch definierter Form,
die Verfahrenstechnik,
stoffbereitend oder veredelnd bei Gütern ohne geometrisch definierte Form, und
die Energietechnik,
die Energie jeglicher Art erzeugt oder umwandelt.

In diesem Buch werden hauptsächlich Fragen der Fertigungs- und Verfahrensplanung behandelt. Dabei müssen sich Fertigungs- und Verfahrensingenieure mit den Möglichkeiten und Grenzen auseinandersetzen, die Naturgesetze, Werkstoffe und ihre Eigenschaften, die wirtschaftlichen Erfordernisse des Marktes, die einsetzbaren Kapitalien, nicht zuletzt aber auch die verfügbaren Werkstätten mit ihren maschinellen Ausrüstungen und Größenverhältnissen sowie zusätzlich das Können der dort tätigen Menschen bieten. Daher ist außer Allgemeinbildung und Fachwissen eine eingehende Kenntnis der auf dem Markt vorhandenen Maschinen und Einrichtungen und der Entwicklungsrichtung der technischen und organisatorischen Hilfsmittel notwendig. Konstrukteur, Fertigungs- und Verfahrensingenieur und Betriebsmann müssen eng zusammenarbeiten und auch die Kostenzusammenhänge sorgfältig beachten.

A. Arbeitsparende Gestaltung der Erzeugnisse [8]

Lassen die Ergebnisse der Marktforschung die Aussicht auf den gewinnbringenden Verkauf eines neuen oder nach Beschaffenheit, Menge und Preis veränderten Erzeugnisses zu, so finden die Erfordernisse der Verbraucher in der Konstruktion, als der geistigen Verwirklichung von Ideen, in technisch höchster, wirtschaftlich billigster und ästhetisch einwandfreier Form ihren Niederschlag. Sie nehmen auf Grund der Funktionsbedingungen und der Festigkeitsberechnungen, der Erkenntnisse aus Forschung und Entwicklung sowie der Auswertung der Schutzrechte Gestalt an in der Zeichnung, in der Festlegung der Werkstoffe und Bauvorschriften und in der Konstruktionsstückliste. Das Erzeugnis soll so konstruiert sein, daß eine wirtschaftliche Fertigung auf einfachen Maschinen mit genormten oder handelsüblichen Werkzeugen ohne Sonderlehren möglich und die Betriebssicherheit sowie Unfallverhütung gewährleistet sind. Nicht zuletzt soll der Konstrukteur sich *weise Beschränkung in der Typenzahl* auferlegen und darüber hinaus möglichst viele *gleiche* Einzelteile (DIN- und Werksnormen) in *allen* Typen verwenden. Die wirkliche und große konstruktive Leistung liegt nämlich heute darin, mit möglichst wenigen Einzelteilen auszukommen und vielfältige Austauschbarkeit zu erzielen.

11. Vereinheitlichung der Konstruktionsteile. *[9].* Um die Vorteile der billigen Massenfertigung ausnützen zu können, um Konstruktionsarbeit zu sparen sowie zur Erleichterung des Einkaufs und der Lagerhaltung muß weitgehend Normung angestrebt werden, wobei aus der Fülle möglicher Ausführungsformen der Einzelteile die günstigste ausgewählt wird.

Für die Beurteilung des Begriffes „Norm", der vielfach mit Gleichmacherei, engherziger Uniformierung, Knebelung des individuellen Geschmacks, Erstickung schöpferischer Tätigkeit übersetzt wird, ist es wesentlich, daß wir ja auch in der Ethik sittliche Grundnormen haben „Du sollst", aus denen die Rechtsnormen „Du darfst" bzw. die einfachere negierende Form „Du darfst nicht" abgeleitet sind. Daneben treten Verkehrsnormen im Zwischenmenschlichen und im Verkehr mit den Behörden. Auch in der Sprache, Benennung, Schriftzeichen, in Maßen, Gewichten usw. kennen wir die Vereinheitlichung. Übrigens hatten die Chinesen bereits 2700 v. Chr. den Abstand zweier Knoten am Bambusstab als Maß, und die Spurweite ihrer 2rädrigen Karren war wegen der Einheitlichkeit der Straßenbreiten vorgeschrieben. Die Pharaonen kannten Einheits-Mauerziegel, die Römer genormte Wasserleitungsrohre usw.

a) Normung. In den heutigen Betrieben geht die Entwicklung zunächst zur Auswahl und Anwendung der in Gemeinschaft zwischen Erzeuger, Händler, Ver-

Tabelle 5. *Als Beispiel: Auszug aus einem Normblatt über Einlegekeile mit Kennzeichnung der auf Lager vorrätigen Größen*

Welle ⌀ D mm	Keil Breite × Höhe $b \times h$	Nutentiefe		*auf Lager Längen $\sim 1,5\,D$ l mm								
		Welle t mm	Nabe t_1 mm									
über 12···17	5 × 5	3	$D + 2$	15	20	25	30	40				
" 17···22	6 × 6	3,5	$D + 2,5$	15	20	25*	30*	40*	50			
" 22···30	8 × 7	4	$D + 3$			25	30*	40*	50*	60		
" 30···38	10 × 8	4,5	$D + 3,5$				30	40*	50*	60*	70	
" 38···44	12 × 8	4,5	$D + 3,5$				30	40	50*	60*	70*	80
" 44···50	14 × 9	5	$D + 4$					40	50	60*	70*	80* 90

braucher und Behörden entstandenen DIN-Normteile. Dabei ist die Auswahl der Normteile auf einige wenige Größen zu beschränken, so daß man sich Auszüge aus diesen Normen herstellt, wobei es vorteilhaft ist, die DIN- oder sonstige Normbezeichnung aufrechtzuerhalten, sonst würde im Einkauf ein Übersetzungsblatt zwecks Verständigung mit den Lieferanten erforderlich werden. Man wird dort, wo der Konstrukteur bereits genügend Eigenverantwortlichkeit zeigt, in den DIN-Blättern in irgendeiner Form die

Tabelle 6. *Als Beispiel: Teilweise Wiedergabe eines Normblattauszuges über Sechskantkopfschrauben, der lediglich die zu verwendenden Größen (*) enthält*

		M 5	M 6	M 8	M 10
Gewinde					
Kopfhöhe		3,5	5	6	7
Schlüsselweite		9	11	14	17
Länge des Gewindeschaftes	15	*			
	20		*		
	25				*
	30			*	*
	35			*	
	40				*
	50				*

im Werk bevorzugten Teile kennzeichnen, wie in Tab. 5, sonst aber in einem Auszug (Tab. 6) nur die Maße jener Größen bekanntgeben, die verwendet werden dürfen. Der Weg geht weiter über die Anschluß(Maß)normung für Wellen-, Motoren-, Getriebe-, Flanschen- usw. zur eigentlichen Form- und Maßnormung. Als Vorstufe für die zweifellos recht schwierige Aufgabe der Typenbeschränkung sollen sogenannte Wiederholteile verwendet werden, Bauteile also für die gleiche Funktion in verschiedenen Gruppen gleicher oder verschiedener Erzeugnisse.

Eine besondere Sachnummer für ein *Wiederholteil* ist nicht notwendig, es wird mit der Sachnummer als Teil desjenigen Erzeugnisses, für das es entwickelt wurde, in ein anderes Fabrikat übernommen. Es soll aber z. B. durch einen Stempel (WT) gekennzeichnet werden, als Signal für den Konstrukteur, daß eine Zeichnungsänderung nur vorgenommen werden darf, wenn diese die Verwendung des Teiles im anderen Erzeugnis nicht behindert. Das Wiederholteil wird dann in eine Anwendungskartei aufgenommen und nach Sachnummer abgestellt. Aber nicht nur eine Wiederholkartei ist erforderlich, der Konstrukteur muß auch jederzeit (Listen, Mappen) zur Hand haben. Aus dem Wiederholteil wird dann nach entsprechend häufiger Wiederverwendung ein *Werks-Normteil* mit eigener Kennzeichnung. Klarheit muß allerdings auch darüber herrschen, daß dann die Werksnorm nicht immer die optimale konstruktive Lösung, sondern nur die zweckmäßigste Form und Funktion zur Zeit ihrer Festlegung darstellt. Nach Herausgabe der Norm muß sie zunächst unverändert gültig bleiben, erst bei fortschreitender technischer Entwicklung kann sie wieder auf den neuesten Stand gebracht werden.

Bei der Festlegung der Auswahlreihen — Drehzahlen, Drücke, Gewichte, Leistungen, Maßbereiche usw. — werden zweckmäßig *Normzahlen* mit gleichem Stufensprung zweier aufeinanderfolgender Glieder, z. B. $\sqrt[10]{10} \sim 1{,}25 = \text{R } 10$ (Zehner-Reihe) die feinere Stufung oder $\sqrt[20]{10} \sim 1{,}12 = \text{R } 20$ (Zwanziger-Reihe) usw., angewendet [10].

b) Typisierung. Es ist kein Zweifel, daß die Normung der Bauteile — *Standardisierung in der Vorstufe*, Teilefertigung — der erste Schritt ist zum Baukastensystem: Erstellung einer Fülle von Ausführungsformen der Endprodukte aus nur wenigen Aufbaueinheiten. Folgen muß dann also die *Differenzierung in der Endstufe* (Bilder 8 u. 9). Eine Getriebebaufirma z. B. war in der Lage, aus 145 genormten Einzelteilen 322 verschiedene Zahnradgetriebe zusammenzubauen. Hier kann man wirklich von der Norm sagen, daß sie die „*einmalige Lösung*" *einer sich wiederholenden Aufgabe* ist.

Sicherlich gibt es auch auf dem Gebiete der Maschinen- und Metallwarenindustrie Erzeugnisse, die der Typisierung entzogen sind, z. B. Energieanlagen. Aber auch hier können sich Unternehmen, die früher für neu zu erstellende Fabriken *alle* in Frage kommenden Maschinenarten erzeugten, mit anderen gleichartigen in der Weise organisieren, daß jede von ihnen nur eine oder wenige herstellt, die wiederum weitgehend „normalisiert" sind. Das gleiche kann selbst für verschiedene Größen eines Fabrikates, z. B. Omnibusse, Traktoren, zutreffen (Typenkartell).

12. Sonstige Gestaltungsvorschriften. Die Auswahl der Passungssysteme im Maschinenbau (Ausschalten von Nacharbeit zusammengehöriger Teile, gekennzeichnet durch das Spiel) hängt allgemein von der Art der Erzeugnisse und den Losstückzahlen ab.

Das *Einheitsbohrungssystem* EB „die gewünschte Passung wird bei gleichbleibender Bohrung durch die stärkere oder schwächere Welle erreicht" (wenig Aufspanndorne, Reibahlen, Räumwerkzeuge) ist für kleine Stückzahlen und vielseitige Fertigung vorteilhaft.

Das *Einheitswellensystem* EW „die Passung wird bei gleichbleibender Welle durch die größere oder kleinere Bohrung erreicht" ist für die Massenfertigung zweckmäßig (günstige Bearbeitungskosten bei glatten Wellen, einmalige Anschaffungskosten für Werkzeuge und Lehren treten zurück). Angesichts der Vielzahl der ISA-Toleranzfehler (Toleranz ist der Unterschied zwischen dem größtzulässigen Maß [Größtmaß] und dem kleinstzulässigen [Kleinstmaß] eines Werkstückes) ist es jedoch auch hier erforderlich, nur eine Auswahl von Paßmaßen zuzulassen, um die Fertigung und Werkzeughaltung zu vereinfachen. Wegen der erhöhten Herstellkosten bei feinen Toleranzen (Edel- oder Feinpassung) sollte man diese möglichst vermeiden. Diese Forderung trifft nicht nur auf spangebende und spanlose Fertigung sondern auch auf die Oberflächenbehandlung zu. So sind z. B. genügend dicke Schutzschichten und enge Toleranzen nicht gleichzeitig zu erfüllen [11].

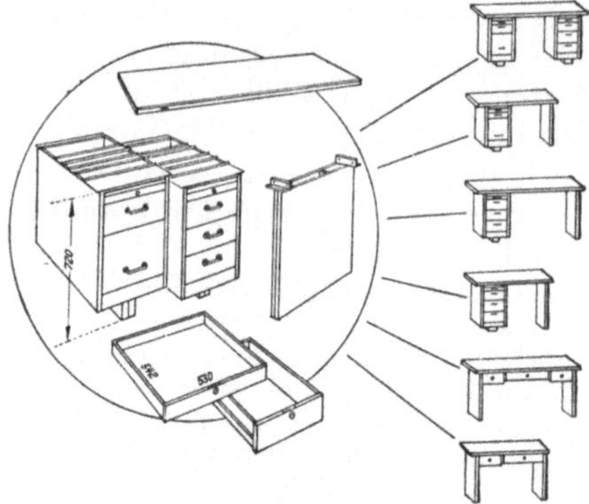

Bild 8 (links). Büromöbel nach dem Baukastensystem, wobei aus gleichen Einzelteilen eine Vielzahl von Fertigfabrikaten entsteht.

Bild 9 (unten). Druckknopftaster zum fernbetätigten Schalten von Hilfs- und Steuerstromkreisen bis 10 A nach dem Baukastenprinzip.

Schaltglieder der Einsatzelemente nachträglich umsteckbar von Schließer in Öffner, daher bei der Tandem-Anordnung von 4 Schließern über 3 Schließer + 1 Öffner; 2 Schließer + 2 Öffner; 1 Schließer + 3 Öffner bis zu 4 Öffner möglich. Dieselben Grundelemente wurden auch für den Leuchtdruckknopftaster verwendet, die dann mit einer Druckknopfrosette mit weißem, durchscheinendem Knopf geliefert werden (Bauart: Siemens-Schuckertwerke A.G., Techn. Stammabteilung, Serienfabrikate, Erlangen).

Bild 8.

Druckknopf, schwarz, rot, gelb, blau
Schutzart P 54

Einzeltaster für Bodenbefestigung und vorderseitigem Leiteranschluß

Knebelantrieb,
Taster oder Dauerkontaktgeber
Schutzart P 43

Einzeltaster für Frontplattenbefestigung mit rückseitigem Leiteranschluß

Pilzknopf,
rot, schwarz
Schutzart P 54

Sicherheitsschlüsselantrieb,
Taster oder Dauerkontaktgeber
Schutzart P 32

Einzeltaster für Frontplattenbefestigung, TandemAnordnung und rückseitigem Leiteranschluß

Bild 9.

In Werkstück-Zeichnungen nicht mit Passungsmaßen versehene Maße müssen zur Vermeidung von Streitigkeiten zwischen ausführendem Arbeiter bzw. Lieferanten, Kontrolle und Montage ebenfalls richtunggebend in ihren Abweichungen durch sogenannte *Freimaßtoleranzen* begrenzt werden[1].

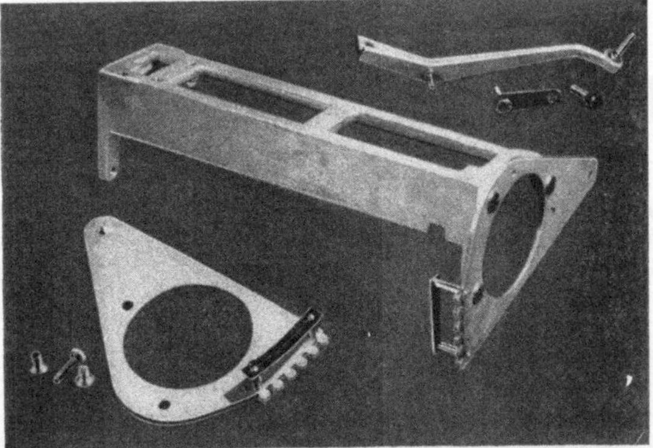

Bild 10. Kostengegenüberstellung bei der Herstellung von Teilen durch mechanische Bearbeitung oder Spritzguß in Abhängigkeit von der Stückzahl.

Allgemein erhöhen noch unzweckmäßigere Formen, schwer zugängliche Bearbeitungsflächen, mangelnde Stabilität der Werkstücke, normwidrige Passungen und Gewichte die Fertigungskosten.

Dem Verschleiß unterliegende Einzelteile sind leicht ausbaubar anzuordnen. Wo sie durch mechanische Bearbeitung hergestellt werden sollen, ist durchgehende Bearbeitungsmöglichkeit ohne An- oder Absätze zu schaffen. Maschinenteile, die nach der Bearbeitung nur noch Blechstärke aufweisen, sind von vornherein aus Blech zu machen, wobei die Formgebung auf günstige Herstellung und Blechtafel- oder Streifenausnützung Rücksicht zu nehmen hat. Bei Schweißteilen ist [12] das Schweißen von Blechen und Profilen zu großen Baugruppen nicht so weit zu treiben, daß die Schweißarbeiten und nachherige Bearbeitung ungünstig oder gar unmöglich wird, bzw. beim Zusammenbau große Spannungen auftreten. Im übrigen bietet heute das Bolzenschweißverfahren, das mit Hilfe einer rd. 2 kg schweren Schweißpistole bis 20 mm starke Stahlbolzen oder 12 mm dicke Nichteisenmetallschrauben in weniger als 1 sek auf einen artgleichen oder ähnlichen Werkstoff aufschweißt, außerordentliche Vorteile und sollte vom Konstrukteur beachtet werden. Bei *Gußteilen* ist der Konstrukteur darauf hinzuweisen, daß der Abfall für Steiger und Eingüsse bei Stahl- und Temperguß am höchsten, bei Spritzguß am geringsten ist (vgl. auch Abschn. 24). Ausschußgefahr, Aushebeschrägen, richtige Wandstärkenbemessung, Kernvermeidungen, Schleif- und Putzmöglichkeit sind weitere

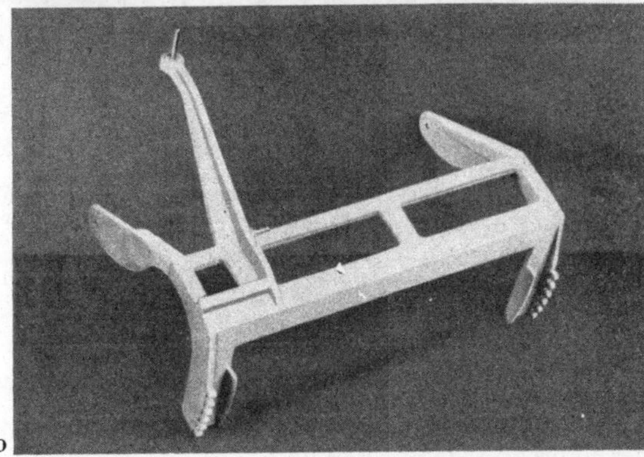

Bild 11a u. b. Farbbandträger aus 21 Teilen zusammengesetzt und aus Druckguß in einem Stück mit eingesetzten Stiften.

---

[1] In DIN 7168 sind Richtwerte für spangebende Fertigung festgelegt. Desgleichen in DIN 1683 für Gußstücke aus Stahl, 1686 aus Grauguß, 1684 aus Temperguß usw., DIN 7715 für Gummiteile, 7710 für Preß- und Spritzgußteile. Sie sind Ausgangspunkt für betriebsinterne Richtlinien.

Punkte [13]. Die Beachtung dieser Vorschrift ist besonders für hochwertiges Gußeisen mit Kugelgraphit (geschützte Bezeichnung: Sphäroguß) wichtig (vgl. Bild 16). Wo größere Stückzahlen vorliegen und die Teile eine gewisse Größe nicht überschreiten, wird der Einsatz von Metalldruckguß- (Bilder 10 u. 11) oder Kunststoffspritzgußteilen mit zu überlegen sein, wobei wiederum Einfachheit der Form, Kernvermeidung, Aushebebeschrägen, Teilung usw. Beachtung erfordern. Auch auf die vorteilhafte Verwendung von Formteilen aus Sintermetall sei verwiesen. Bei *Schmiedeteilen* großen Ausmaßes, die frei geschmiedet werden, braucht man auf den Formänderungswiderstand nicht so sehr Rücksicht zu nehmen wie bei Gesenkschmiedestücken. Auf fertigungsbedingte Werkstückgenauigkeiten ist besonders zu achten. Auch das Auf- und Einspannen von Teilen läßt sich konstruktiv ganz wesentlich erleichtern. Ganz allgemein und besonders aber bei Verwendung von Kunststoffen sind außer den technischen und wirtschaftlichen auch künstlerische Gesichtspunkte bei der Auswahl und Teilgestaltung zu beachten. Wenn sich auch Werkstoff und Formgebung wechselseitig bedingen, soll doch das Auge nicht zu kurz kommen. Außer auf Farbe, Glanz und Transparenz beruht die Oberflächenwirkung auch auf Profilierung und Gravierung.

13. Zeichnungsnummerung[1], Konstruktions- und Fertigungsstückliste. Bei der zeichnerischen Darstellung kann das Zusammenstellungs- oder das Einzelteil-Zeichnungssystem zur Anwendung kommen.

Im ersten Falle werden mehrere Teile, die zu einer Gruppe gehören, in einer Zeichnung dargestellt (besonders im Stahlbau üblich), während im zweiten Fall für jedes Teil eine gesonderte Zeichnung angefertigt wird. Der Aufbau der Zeichnungssätze aber nach Einzelteilen, Gruppen und Erzeugnissen und ihre systematische Nummerung ist zur eindeutigen Bezeichnung des dargestellten Gegenstandes und zur geordneten Ablage der zeichnerischen Unterlagen wichtig.

Ein *Einzelteil* entsteht dabei durch Bearbeitung eines Rohstoffes oder Halbzeuges, kann selbst gefertigt oder fremd bezogen werden. Es gibt je nach dem Fertigungszustand Roh-, angearbeitete und Fertigteile. Die *Gruppe* ist ein Gliederungsbegriff für die Zusammenfassung mehrerer Einzelteile als Funktions-, Fertigungs- oder Montage-Gruppe.

Zu beachten ist ferner, daß nach Möglichkeit die Zeichnungsnummer als Sachnummer des Gegenstandes = Lagerkennzeichnung = Verkaufslisten- und Ersatzteilnummer ist. Bild 12 zeigt als Beispiel, wie aus der Zeichnungsnummer die Zugehörigkeit zum Fabrikat ersichtlich ist. Dieser Grundsatz wird durchbrochen, wenn Teile oder Gruppen eines

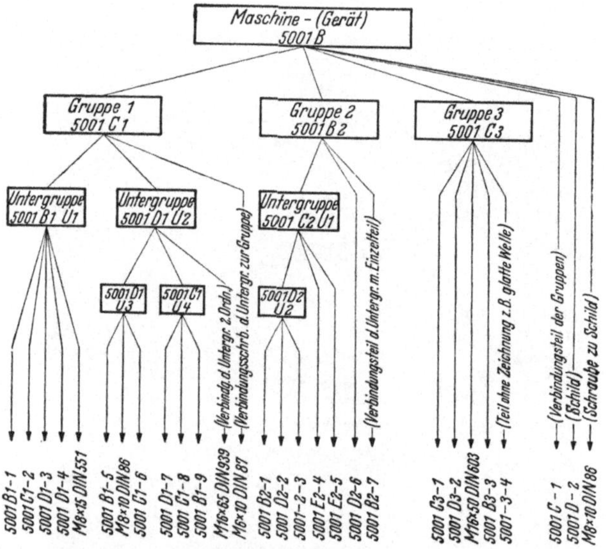

Bild 12. Einzelteil-, Untergruppen- u. Gruppenaufbau einer Maschine entsprechend dem Baukastensystem und Benummerung der Zeichnungen, wenn die 1. Zahl die Erzeugnisgruppe, z.B. Papiermaschinen, die 2. Zahl die Art, also z. B. Holländer, und die 3. und 4. Zahl die eigentliche Ausführung, z. B. Transmissionsantrieb usw., festlegt. Die Buchstaben geben die Zeichnungsgrößen entsprechend DIN 823 an. Fehlt diese Angabe, so ist für das Teil keine Zeichnung vorhanden.

Erzeugnisses mit der Nummer der Erstentwicklung zwecks Vereinheitlichung in ein anderes Erzeugnis als Wiederholteil übernommen werden.

Der *Nummernschlüssel* muß neben der eindeutigen Kennzeichnung zugleich genügend Spielraum für die Einordnung zukünftiger Fabrikate, Typen und Teile – Typen- und Teilenummernschlüssel – bieten. Besonders bei vielen Typenabwandlungen und wenn mit Lochkarten gearbeitet wird, wird der Typen-Schlüssel vielstellig, z. B.

---

[1] Vgl. DIN 6763 Fachausdrücke der Nummerungstechnik, Entwürfe April 1963, Beuth-Vertrieb, Berlin 30 und Köln.

Haupttype ←
(z. B. Motoren, Getriebe)
Untertypen ←
(z. B. Benzin, Diesel)
Lfd. Nummer, ←
Abwandlung, Änderung ←
Zustandskennzeichnung ←
(z. B. 0 verkaufsfertig, 1 Anlieferzustand an Fertiglager, 2 Austauschfabrikat f. Fehllieferung, 3 Umbau von Konsignationslager nach Kundenwunsch).

Beim Teilenummern-Schlüssel kann entweder nach der Form, z. B. Gehäuse, Wellen, Lager, Zahnräder, und der Art, z. B. Dreh-, Fräs-, Stanz-, Schweiß-, Gußteile, oder nach Funktionen, z. B. Motor-, Getriebe-, Lenkungsteile, u. ä., verschlüsselt werden. Der Aufbau selbst erfolgt ähnlich (Bild 12). Im 1. Fall können dann leicht Teile mit gleicher Bearbeitungsfolge — Teilefamilien — erfaßt werden.

Der Versuch, mit dem Nummernschlüssel möglichst viel auszusagen, führt zu vielstelligen Zahlenreihen, deren Spielraum durch die schnelle Entwicklung bald gesprengt wird. Neue Nummernsysteme werden notwendig, ihre Einführung verschlingt Zeit und Geld. Man geht daher heute besonders in Betrieben mit Fabrikaten, die vielen Abwandlungen unterliegen, zur *systemfreien Benummerung* über, d. h. man numeriert die Teile laufend durch und kommt daher mit wenig Stellen aus, so wie es heute z. B. niemandem in den Sinn kommt, in die Personal-Nummer weitere Ordnungsmerkmale, wie Geburtsdatum, Ort, Familienstand usw. einzubauen. Ein Stammblatt dazu gibt alle weiteren Daten, wie Gruppierungsmerkmale von Erzeugnissen, Teilen, Werkstoffen oder Teileverwandschaften nach Gestalt, Fertigungsverfahren, Vorkommen in Fabrikaten usw.

Die Erzeugnisgliederung nach Fertigungsgruppen (Haupt- und Untergruppen) und Einzelteilen, derart, daß ein organischer Zusammenbau nach ferti-

Lfd. Nr. 1	Benennung 2	Zeichnung DIN Nr 3	Gehört zu 4	Stück Einheit 5	Stück Auftrag 6	Werkstoff 7	Rohmat. Modell Nr. 8	Gewicht roh 9	fertig 10	wieder-holt in 11	Bestellmenge Zuschl. 12	je Auftrag 13	Bemerkung (Fremdbezug F) 14
1	Leimauftrag-Maschine	5001 B		1	2								
2													
3	Getriebe	5001 C1		1	2								
4													
5	Lagerbock	5001 B1 U1		2	4								
6	Gehäuse	5001 B1-1		1	2	GG 26	5001-1-1M	2,3	1,9		0%		
7	Abdeckblech	5001 C1-2		2	4	St. 00.12	50×200×1,5	0,11	0,09		20%		
8	Lagerschalen	5001 D1-3		1	2	Rg 10	5001-1-3M	1,3	1,1		0%		
9	Nutmuttern	5001 D1-4		2	4	St. 37.12 DIN668	80^ϕ×25lg	1,0	0,35		10%		
0	Schrauben	M8×15 DIN551		4	8	g 4 D					5%		F
1													
2		5001 D1 U2											
3		5001 D1 U3											
4		5001 B1-5											
5		M8×10 DIN86											
6		5001 C1-6											
7		5001 C1 U4											
8		5001 D1-7											
9		5001 C1-8											
0		5001 B1-9											

Änderungen						Stückliste zu:	Geschrieben:	Ersatz für:	Blatt 1 von 5 Blatt
Buch-stabe	Lfd. Nr.	Name, Tag	Buch-stabe	Lfd. Nr.	Name, Tag	Leimauftrag-Maschine	Geprüft:	Auftrags-Nr. 2×	Stücklisten-Nr. 5001

Bild 13. Stücklistenblatt: Für die Einzelfertigung entfällt Spalte *11*; für wiederkehrende Serienfertigung, bei der die Weiterbearbeitung für Materialbeschaffung in Form von Halbzeug-Normteillisten (vgl. Tab. 11) erfolgt, bleibt Spalte *11* und es entfallen *12* und *13*. Spalte *1* wird vorgedruckt. Bei umfangreichen Stücklisten wird dann nur vor die Zahlen „*1*" und „*0*" noch *1*, *2*, *3* usw. als Zehnerzahl gesetzt.

gungstechnischen Gesichtspunkten erfolgen kann, ist auch schon bei der Aufstellung der *Konstruktionsstückliste* zu berücksichtigen [*14*]. Sie ist für das Zusammenstellungs-Zeichnungssystem in DIN 6783 genormt und enthält als Verzeichnis aller Gruppen, Teile und evtl. Fertigungshilfsstoffe eines Erzeugnisses außer den Angaben über die Stückzahl, Benennung (einschl. Normkurzbezeichnung oder Teilzeichnungsnummer), den Werkstoff, eine Positions- oder lfd. Nr., die Halbzeugkennzeichnung (nach Form, Maßen, Menge und Werkstoffzustand, bzw. Modell-Nr. bei Guß) und das Gewicht.

Im Einzelteil-Zeichnungssystem, das für jedes Teil eine Zeichnung mit den im Schriftfeld eingetragenen Angaben über Werkstoff und Halbzeug sowie Gewicht erfordert, kann der Aufbau der Stückliste, die in DIN 6771 genormt ist, einfacher sein. Die *Fertigungsstückliste* (Bild 13) ist infolge der verschiedenen Anforderungen, die der Fertigungsablauf und die Auftragsabwicklung in den Betrieben stellt, nicht genormt. Sie entsteht aus der Konstruktionsstückliste durch Hinzufügen von für die Fertigung erforderlichen Angaben. Keinesfalls soll sie aber für jeden Auftrag jedesmal neu geschrieben werden, sondern z. B. im Querformat Spalten für die Ergänzung durch die Arbeitsvorbereitung haben oder im Klebeverfahren ergänzt werden können. Näheres siehe Heft 100 „Arbeitsvorbereitung II".

In der Fertigungsstückliste muß außer der *laufenden Nr.* eine Spalte für die *Stückzahl* je Zusammenbaueinheit, die *Benennung, Zeichnungs-Nr.* und eine *Wiederholungsspalte* vorgesehen sein, damit der Fertigungs- und Materialplaner dort eintragen kann, in welchem Auszug, z. B. Normteilliste usw., das Teil vorkommt, wodurch später lange Sucharbeit vermieden wird. Weiter müssen der *Materialbedarf* sämtlicher Teile des Erzeugnisses nach Menge (*Rohmaße, Roh-* und *Fertiggewicht*) und Art, bezogen auf die Einheit, enthalten und Eintragungen bezüglich *Fremd-* und *Eigenfertigung* möglich sein. Für die Bestellmenge je Auftrag ist ein Zuschlag für Abfall, Ausschuß usw. notwendig, der für Guß- oder Blechteile, Schrauben usw. mit einem den besonderen Erfordernissen gerechten %-Satz (vgl. Tab. 10) betrieblich festgelegt wird.

B. Wirtschaftlicher Stoffeinsatz

Unter Stoffen versteht man in Übereinstimmung mit dem Sprachgebrauch der Betriebswirtschaft: *Werkstoffe*, wie z. B. Werkzeugstahl, Hartholz; *Halbzeuge*, wie Rundstahl 32 DIN 6719 S 20 K; *Normteile* wie Zylinderschrauben M 8 × 20 DIN 84 − 5 D verzinkt mit 6 bis 10 μm Schichtdicke; sonstige *bezogene* Gegenstände und *Hilfs-* und *Betriebsstoffe* der verschiedensten Art. Nach technologischen Gesichtspunkten ist eine Unterteilung in Eisen-, Nichteisenmetalle, Kunststoffe, Steine und Erden, Holz, Textilien usw. möglich.

Als *Fertigungsmaterial* werden Stoffe, Teile und bezogene Gegenstände bezeichnet, die z. B. laut Stückliste für einen bestimmten Auftrag (Kundenauftrag oder innerbetriebliche Leistung) erfaßt und angerechnet werden.

Von *Hilfsstoffen* spricht man, wenn die unmittelbare Anrechnung wegen zu großer Erfassungs- und Abrechnungsschwierigkeiten unzweckmäßig ist. Sie gehen z. B. als Schweißmittel, galvanische Niederschläge, Rostschutzmittel, Kernstützen, usw. in das Erzeugnis über.

Betriebsstoffe, wie Kleinwerkzeuge, Werkzeugstähle, gehen nicht in das Erzeugnis über oder werden wieder von ihm entfernt, wie z. B. Form- und Kernsande, Glühmittel usw., sind also nicht für einen bestimmten Auftrag anrechenbar.

Allgemein pflegt das Fertigungsmaterial wertmäßig bedeutsamer zu sein als Hilfs- und Betriebsstoffe, immer aber bilden folgende Gesichtspunkte die Grundlage einer richtigen Materialwirtschaft:

1. Auswahl des bei gleichem Ergebnis billigsten und leichtest verfügbaren Ausgangswerkstoffes.	2. Beschränkung der Stoffarten und Abmessungen auf das kleinstmögliche Maß.	3. Weitgehende spanlose Umformung statt Herausarbeiten aus dem vollen Werkstoff.
4. Vermeiden überflüssigen Verschnittes und Abfalls. Richtige Sammlung und Wiederverwendung der Abfälle.	5. Niedrighalten des Ausschußprozentsatzes durch technische Prüfmethoden und Verlustquellen kontrollierende Aufwandsrechnung.	6. Planvolle Prüfung, Bereitstellung, Speicherung der Vorräte unter Berücksichtigung kaufmännisch-wirtschaftlicher Zusammenhänge.

Industriegruppen	Vom Absatzwert der Produktion entfallen in v.H.		
Feinmechanik und Optik	38	37	25
Elektroindustrie	31	39	30
Maschinenbau	30	36	34
Glaserei–Industrie	30	34	36
Stahl–und Eisenbau	30	24	46
Metallwarenindustrie	26	34	40
Fahrzeugindustrie	20	26	54
	Lohn	Kapital	Material

Bild 14. Durchschnittliche Lohn-, Kapital- und Materialanteile der Erzeugnisse verschiedener Industriezweige.

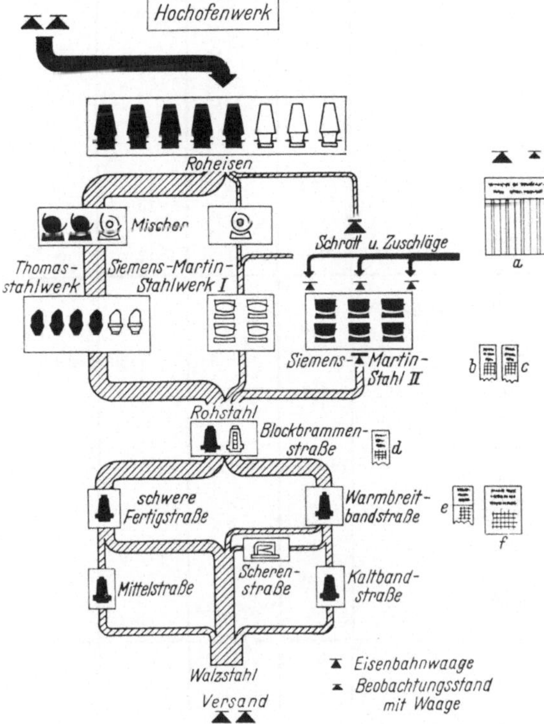

Bild 15. Stoff-Flußbild. Auf der rechten Seite (Siemens-Martin-Stahlwerk II) sind Beobachtungs- und Meßstände ergänzt, die der mengenmäßigen Erfassung dienen. *a* Siemens-Martin-Schmelzbericht; *b* Gießbericht; *c* Block-Rohrbrammenbericht; *d* Block- und Teilblock-Laufkarte; *e* Kommissions-Begleitkarte; *f* Schmelzen-Laufkarte.

Im übrigen wird man leichter das nötige Verständnis für eine wirtschaftliche Materialausnutzung finden, wenn sich alle mit Planungs-, Steuerungs- und Ausführungsarbeiten betrauten Mitarbeiter einmal darüber klar geworden sind, wie sich der Absatzwert einer Produktion zusammensetzt. Aus Bild 14 ersieht man den durchschnittlichen Lohn-, Kapital- und Materialanteil der Fabrikate einiger Industriezweige, wobei im linken Feld Löhne, Gehälter, Tantiemen usw. eingesetzt sind. Das mittlere Feld enthält Verzinsung und Tilgung des umlaufenden, sowie stehenden Kapitals und unter Materialwert sind der Einkaufspreis der eingesetzten Vorprodukte, wie Roh-, Hilfs- und Betriebsstoffe, bezogene Halb- und Fertigfabrikate, sowie verbrauchte Energien eingesetzt.

In der stoffbereitenden Industrie spielt die ablauf- und kostenmäßige Erfassung aller Einsätze, Veränderungen und der Ausbringung eine noch größere Rolle, als in der meist lohnintensiven verarbeitenden. Stoff-Flußbilder, ähnlich Bild 15, geben einen guten Überblick, wobei man Beobachtungs- und Meßstände mit Waagen, sowie dort verwendete Stoffeinsatz- oder Stoffausbringungsaufschreibungen durch entsprechende Symbole kennzeichnet [15].

14. Werkstoffkennzeichnung (Schlüssel). Inwieweit man für die eindeutige, übersichtliche Kennzeichnung der Stoffe die vom Lieferanten gewählten, in DIN- oder sonstigen Normen festgelegten Bezeichnnugen übernimmt oder ein eigenes Stoffnummernsystem anwendet, hängt von den betrieblichen Verhältnissen und der Notwendigkeit, Lochkartenmaschinen einzusetzen, ab. Diese arbeiten nach einem Nummernschema, neuerdings auch nach Nummern und Buchstaben. Als Beispiel eine Möglichkeit mit 6 Ziffern:

1. Kennzahl oder Ziffergruppe: Stahl, Eisen, Metall, Kunststoff, Holz, handelsübliche Elemente, Werkzeuge, Hilfs- und Betriebsstoffe.
2. Kennzahl: Stoff-Form: DIN 17200, Ck 45, Rundstahl, gezogen.
3. Kennzahl: } Eigenschaften: { Vergütungsstahl, unlegiert,
4. Kennzahl: } Eigenschaften: { Zusammensetzung $C > 1{,}1\%$; P, S $< 0{,}05\%$,
5. Kennzahl: } Abmessung und Sonstiges: 40 Ø Stangen bis 6 m
6. Kennzahl: } (wenn 1 = 2 Ziffern, dann 5 u. 6 nur eine).

Eine zusätzliche Farbkennzeichnung hat sich besonders bei Verwendung von verschiedenen Werkzeug- oder rostfreien Stählen zur Vermeidung von Verwechslungen in Lager und Betrieb als praktisch erwiesen.

Tabelle 7. *Gußwerkstoffe — Auswahlreihe mit Preishinweis*

Werk-stoff-art		Marktbezeichnung					Brinell-härte 5/750/15 kp/mm²	Zug-festigkeit kp/mm²	Bruch-dehnung %	Relativ-Preis
		Bezeichnung nach DIN 17006	Bezeichnung nach Stahl-eisenliste	Werkst. Nr. nach DIN 17007	DIN Blatt	Bisherige Bezeichnung (veraltet)				
Grauguß	Normal	GG-12	GG-12	9100	1691	Ge 12.91				
		GG-18	GG-18	9104	1691	Ge 18.91	140	15		1
	Hochwertig	GG-22	GG-22	9110	1691	Ge 22.91	220	25	0	
		GG-26	GG-26	9122	1691	Ge 26.91				1,1
	Kugel-graphitguß	GGG-42 GGG-45 GGG-50 GGG-60 GGG-70	—	—	1693	—	170 ⋮ 260	42 45 ⋮ 70	12 5 ⋮ 2	1,8 ⋮ 2
Stahlguß	Normal	GS-38	GC-15	0562	1681	Stg 38.81	110			
	Warmfest	GS-C 25	GC-25	0619	17245	Stg 45.82		38···50	15···30	2,4
		GS-22 Mo 4	GS-22 Mo 4	5419	17245	Mo Stg 45.82	140			
		GS-22 C Mo V32		7714		Cr Mo Stg 53.82				
Temperguß	Handels üblich	GTW-35	—	9000	1692	Te G 92	120			
	Hochwertig	GTW-40	—	9004	1692	Te W 92	140	30···40	1···3	2
Hartguß		GH-50	—	—	1681	H Ge	450	—	0	1,3

15. Beschränkung der Stoffarten und Abmessungen. Zwecks Einsparung an Verwaltungsarbeit und Kapital für unübersehbare Lager an verschiedenartigsten, oft wertvollen Materialarten und Abmessungen ist hier eine weise Beschränkung angezeigt. Um dem Konstrukteur das Aussuchen des geeigneten Werkstoffes (Bild 16) aus Handbüchern, DIN-Blättern und Lieferan-

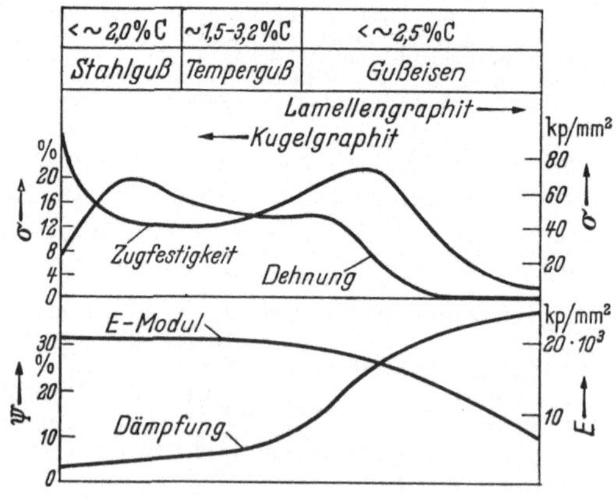

Bild 16. Einordnung der Gußwerkstoffe nach Zugfestigkeit, Dehnung, E-Modul und Dämpfung. Lamellengraphit = Meehanite-Gußeisen, Kugelgraphit = Sphäroguß.

tenrichtlinien zu erleichtern, empfiehlt sich die Benutzung eines Werkstoffauswahlblattes (Tab. 7), das z. B. für die Maschinenindustrie an Hand von DIN 17 100/17 200 und 17 175 aufgestellt wird. Die Auswahlliste gibt die Kurzbezeichnung nach DIN, die Werkstoff-Nr., Farbkennzeichnung, die physikalischen Werte, Zerspanungs- und Schweißeigenschaften, Richtlinien für Wärmebehandlung usw. an. Angaben über Preisverhältnisse sind besonders in Großbetrieben erwünscht. Ein Auszug über bevorzugt zu verwendende Halbzeugformen leistet ebenfalls gute Dienste. Bleche und Bänder ergeben mit ihren mannigfaltigen Stärken, Flächenmaßen und Vergütungszuständen besonders leicht die Gefahr der unwirtschaftlichen Lagerhaltung. Das gleiche gilt für Rohre aller Art und Formen.

16. Materialfestlegung für das Einzelteil. Die Ergebnisse aller Überlegungen bezüglich Materialwirtschaft — günstige Rohstoffwahl, Abfallfreie Verarbeitung

<table>
<tr>
<td rowspan="3">Firma</td>
<td colspan="2">Arbeitsplan
(Teilefertigung)</td>
<td>Kostenträger</td>
<td colspan="2">Einr Zuschl Stck.:</td>
<td colspan="2">Gew. je Tfl; m ....kg
Ver-
....lust:.........mm</td>
<td>Stückzahl:
Lief:
Best.:</td>
<td>Auftragsnummer :</td>
</tr>
<tr>
<td colspan="2" rowspan="2"></td>
<td colspan="2">Lauf. Aussch, %</td>
<td>Wirtsch Mindestmg.</td>
<td colspan="2">Teillänge .... "
Abstechbreite........... "
Bearbeitungszugabe .... "</td>
<td>Strf:............ × .... mm je .... Teile
Tfl.: .... × .... mm je .... Strf.</td>
</tr>
<tr>
<td>Blatt v. Blatt</td>
<td>Teilbenennung</td>
<td colspan="2">Wkst. Bezeichng.
DIN</td>
<td colspan="2">.... m
...... Stf. für ..... Teile
...... kg</td>
</tr>
<tr>
<td>Geschr./Tag</td>
<td colspan="2">Zeichnungs Nr.</td>
<td colspan="3">Festigkeit
Gattierung</td>
<td colspan="2">Tei-
lung .. fach .... "</td>
<td>Fertig
gewicht:.........</td>
</tr>
<tr>
<td>Arb.-gang</td>
<td colspan="2">Benennung</td>
<td>Kosten-stelle</td>
<td>Maschine</td>
<td>Rüstz. Faktor</td>
<td>Stückzeit
min 1/100</td>
<td>Faktor
Tz min</td>
<td>Vorsch. Spanz.</td>
<td>Schnittg. Umdr.</td>
<td>Betriebsmittel
V=Vorrichtg., W=Werkzeug, L=Lehre</td>
</tr>
</table>

Bild 17. Kopffeld des Arbeitsplanes mit Materialausrechnung für ein aus einer Blechtafel geschnittenes Teil.

und, wenn Abfall, Wiederverwendung von Abfallprodukten — finden ihren Niederschlag im Arbeitsplan (Bild 17), wo für das Einzelteil erforderliche Werkstoffe, sei es aus Form- und Bandmaterial bzw. Blech oder Guß, festgelegt werden.

Man hat hier Spalten für das Roh- und Fertiggewicht, die Werkstoffart und die Modellnummer bei Guß, für das Einheitsgewicht (kg, m usw.), den Spannverlust, die Teilelänge, Abstich- oder Sägebreite, Bearbeitungszugaben für Form-, Bandmaterialien und die aus Blech zu schneidenden Streifen und Teile. Der Spannverlust tritt als Abfallbreite für den Blechniederhalter beim Schneiden schmaler Streifen und Teile auf Blechscheren, als Abfall beim Arbeiten mit kombinierten Stanzereiwerkzeugen, Vorlochern, Ausstanz- oder Einführungsabfall bei Stanzautomaten mit Walzen- oder Zangenvorschub, bei Streifen- und Bandmaterial und als Reststücke bei Arbeiten auf Drehmaschinen oder Automaten mit Spannzangen auf.

Den besonders in der Massenfertigung nicht unerheblichen Einfluß des gleichbleibenden Einspannstückes auf die Werkstoffkosten je Stück bei verschieden langen Stangen zeigt Tab. 8. Ein praktisches Beispiel zur Aufstellung von Richtwerten für Bearbeitungszugaben zwecks Ermittlung der Halbzeugabmessungen und des Rohgewichtes ist Tab. 9. Für die Errechnung des Werkstoffes für den Einkauf muß außerdem noch der Verlust beim Einrichten und die Ausschußgefahr bei der laufenden Fertigung berücksichtigt werden. Eine als Beispiel gedachte Anleitung dazu gibt Tab. 10. Die Zuschläge selbst werden im Arbeitsplan, getrennt nach einmaligen Verlusten für das Einrichten und laufenden für Materialverschnitt und Arbeitsausschuß, unterteilt.

Tabelle 8. *Einfluß der gewählten Stangenlänge auf die Werkstückkosten* [16]

Stangenlänge m	Zahl der Stücke	Kosten der Stange M	Wert des Einspannstücks M	Werkstoffkosten	
				Gesamt	je Stück
0,5	4	4,20	0,20	4,—	1,—
1	9	8,40	0,20	8,20	0,91
2	19	16,80	0,20	16,60	0,87

Tabelle 9. *Ermittlung der Halbzeugabmessungen bei Metallteilen*

Maße des Fertigteils mm	Bearbeitungszugabe* zu d, a oder b mm		Bearbeitungszugabe in mm		für Abstich		Zugabe für den Abstich der Zentrierbohrung mm
			zur Länge l des Fertigteils	für Trennsäge	gerade	mit Kuppe	
d, a oder b	Z_1 (Drehen)	Z_1 (Schleifen) je nach Länge	Z_2		Z_3		Z_4
10···22	1	0,25	3	3	3	2	5
22···32	2	0,3–0,4			3,5	2,5	7
32···60	3	0,4–0,5	5		4		10
60···100	5	0,5–0,6	5	5	—	—	13
über 100	10	0,7	8	8	—	—	

* Bei gezogenem Halbzeug fallen diese Zugaben weg.

Tabelle 10. *Zuschläge in Stück für Einrichteverluste und in % für Ausschuß in der laufenden Fertigung*

Toleranzbereich		A (s. Angaben unter Arbeitsverfahren)						B					
Anzahl der Arbeitsgänge		1—2		3—5		über 5		1—2		3—5		über 5	
Arbeitsverfahren	Werkstoff	St.	%	St.	%	St.	%	St.	%	St.	%	St.	%
Umformen (Stanzen) Toleranzbereich: A = ab ISA T 10	Stahl und Metalle	10	0,5	15	1,5	30	2,0	—	—	—	—	—	—
	Hartpapier	15	1,0	20	3,0	—	—	—	—	—	—	—	—
Fräsen Toleranzbereich: A = ab 0,2 mm B = 0,05–0,2 mm	Stahl und Metalle	3	0,5	6	1,0	10	2,0	5	0,8	10	2,0	15	3,0
	Guß	3	0,6	4	1,5	7	2,5	3	1,0	6	2,5	10	4,0
	Hartgummi	6	2,0	12	3,0	20	5,0	10	3,0	15	4,0	25	6,0
Drehen	Stahl												

Zuschläge in Stück (St.) für Einrichteverluste an Maschinen und Werkzeugen bei den einzelnen Arbeitsgängen sind abhängig von dem Arbeitsverfahren, der Anzahl der Maße, der Toleranz usw.
Zuschläge für Verluste durch laufenden Ausschuß in % sind abhängig vom Arbeitsverfahren, der Anzahl der Maße, der Toleranz, der Güte der Maschinen, Vorrichtung, der Standfestigkeit (Zeit) der Werkzeuge und der Werkstückbruchgefahr.

17. Vermeidung von Verschnitt [17]. Besonders beim Planen des Blechbedarfes und der Verwendung von Bandmaterial genügt nicht ein einfaches Addieren der Einzellängen, zuzüglich des begründeten Aufschlages, sondern es muß auf Grund von Zuschnittplänen die günstigste Ausnutzung der Normtafel oder des Blechstreifens festgelegt werden, Bilder 18 und 19.

Hierbei müssen die *Abkantungen* von Einzelteilen, besonders bei Blechstärken über 1,5 mm quer zur Walzrichtung verlaufen (vgl. Werkstattstechnik und Maschinenbau 1938, S. 259). Bei Anordnung von Stanzteilen innerhalb des Blechstreifens gibt es besondere *Einsparungsmöglichkeiten*, wie Bilder 20 und 21 zeigen. Bei *Ausstecharbeiten* auf Drehbänken und Automaten kann durch geeignete Arbeitsverfahren nicht nur Material sondern auch Zerspanungsarbeit gespart werden.

Bei der *Abfallverwertung* sind besonders die Ausnützung von Blechabfällen in der Massenfertigung, der Wiedereinsatz von Schrott wie Gußbruch und Tempererz, die Wiederverwertbarmachung durch Reinigung und die sortenrichtige Abfallsammlung zu erwägen. Die Verarbeitung zu verkäuflichen Nebenprodukten gehört ebenfalls hierher.

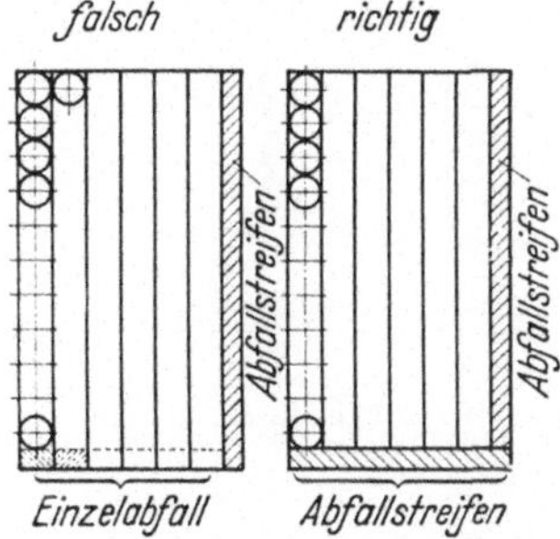

Bild 18. Aufteilung von Blechtafeln.

18. Rohteil-, Halbzeug- und Normteilliste für Aufträge. Bei der Zusammenfassung des Materialbedarfes auf Grund der Stückliste werden zuerst alle fertig bezogenen Teile und Gruppen, dann Norm- und Han-

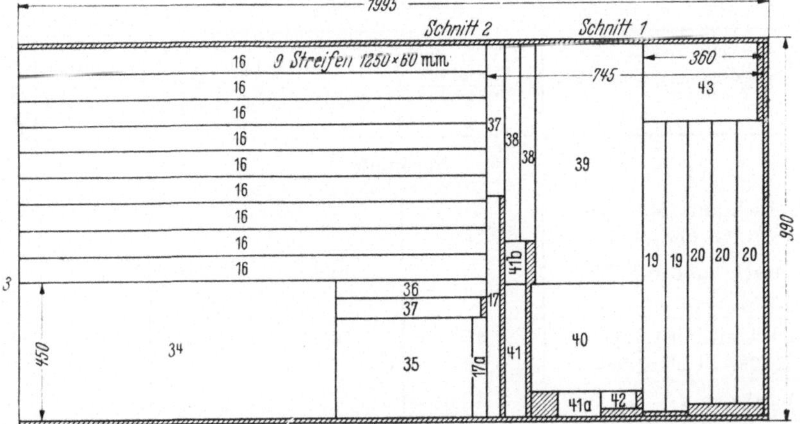

	Pos. Nr.	Zeichnung Nr.	L-Teil Nr.	Strei-fen-zahl	Abmessungen	Gewicht
	16	126—8270	14—20	9	1250 × 60	
	34	126—8319	14—22	1	850 × 450	
Zuschneide-	35	126—3210	12—18	1	350 × 375	
Anweisung 12	36	126—3211	11—19	1	400 × 32	
für L-Teile	37	126—3760	14—19	2	40 × 400 u. 375 × 40	
Type X	38	126—6622	12—33	2	30 × 520	
Baugruppe 126	17	126—3210—11	14—23	2	35 × 590 u. 35 × 375	
für 10 Maschinen	39	126—8263	12—92	1	290 × 630	
Werkstoff:	40	126—8261	12—62	1	295 × 285	
3116,5	41	126—3616	11—22	3	60 × 650, 60 × 70 u. 70 × 60	
Blechstärke: 2,0	42	126—3617	15—9	1	95 × 45	
M = 1:5	43	126—2809	11—16	1	370 × 200	
	19	126—3310	14—7	2	80 × 780	
	20	126—8276	14—28	3	65 × 750	

Bild 19. Zuschnittplan und zugehörige Zuschnittanweisung für Blechtafeln zur Vermeidung von unverwendbaren Abfallstücken.

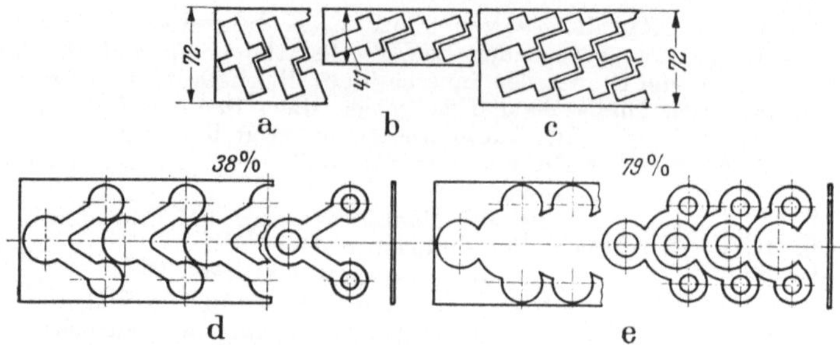

Bild 20a—e. Blechstreifenausnutzung.

a) Streifenbreite 72 mm, 28 Streifen mit je 32 Stanzteilen, 896 Teile je Tafel
b) Streifenbreite 41 mm, 48 Streifen mit je 23 Stanzteilen, 1104 Teile je Tafel
c) Streifenbreite 72 mm, 28 Streifen mit je 44 Stanzteilen, 1232 Teile je Tafel
d) 38% und e) 79% Materialausnützung.

Tabelle 11. *Liste der Halbzeuge, Norm- und Handelsteile als Auszug aus der Stückliste für die Materialplanung*

Lfd. Nr.	Bezeichnung (Normbezeichnung, Abmessung, Werkstoff usw.).	Lfd. Nr. der Stückliste / Stückzahl	Benötigte Menge je Maschine			je Auftrag		angefragt	bestellt	geliefert
			Stück	kg	% Zuschlag	Stück	kg			
1	2	3	4	5	6	7	8	10	11	12
Normteile										
2	Senkschraube M 6×18 DIN 87 St phosphat.	11 6								
3	Senkschraube M 6×18 DIN 87 St phosphat.	22 3	9		5%	950				
4	Sechskantmutter M 4 DIN 934 St phosphat.	17 18	18		5%	1900				
5	Kugellager A 5 DIN L89 St phosphat.	10 4								
6	Kugellager A 6 DIN L89 St phosphat.	20 4	8		5%	640				
7	Splint 1×12 DIN 94 Stahl	21 36	36		10%	3690				
8	Splint 1,5×15 DIN 94 Stahl	30 240	240		10%	26400				
Halbzeug										
16	⊙ Stahl 12 ⌀ DIN 178 St 60.11	6 12×0,042	0,504	0,525	20%	60 m	63			
17	∟ Stahl 50×50×6 DIN 1028 Flußstahl	17 2×0,032	0,064	0,286	20%	8 m	36			
18	Blech 1 mm stark 260×90 St. I 23	149 2×0,0234	0,047 m²	0,376	20%	6 m²	48			
19	Blech 3 mm stark 90×180 St 37.22	145 0,017 m²								
20	Blech 3 mm stark 90×180 St. 37.22	26 0,0035 m²	0,024 m²	0,576	20%	3 m²	72			

delsteile sowie Halbzeuge zusammengestellt. Damit ein schneller Vergleich gegeben ist, werden in der Stückliste die Liste und lfd. Nummer angegeben, unter der das Material in der Halbzeug- oder Normteilliste erscheint. Umgekehrt wird diese Angabe auch wiederum in Spalte 3 der Normteilliste in bezug auf die Stückliste gemacht (Tab. 11). In diesen Listen empfiehlt es sich, eine saubere Unterteilung nach Materialarten und -sorten einzuhalten. Für den Zuschlag in Spalte 6 dieser Listen, der unvermeidliche Abfall- und Ausschußverluste enthält, kann eine allgemein gültige Norm nicht gegeben werden.

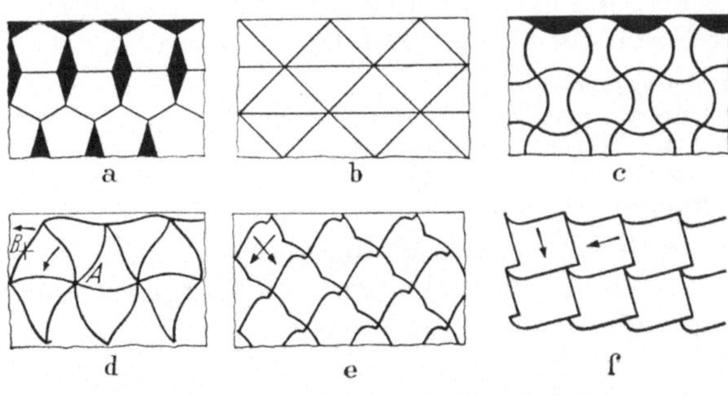

Bild 21a—f. Der Weg zum abfallosen Schneiden. a) Formen mit Abfall; b) und c) spiegelbildliche u. kongruente Formen; d) Formen, durch Drehen von Begrenzungslinien um *A* und *B* als Drehpunkte entstanden; e) und f) Formen durch Verschieben der Begrenzungslinie konstruiert.

Wesentlich ist noch, daß das Original dieser Listen nur bis Spalte 6 ausgefüllt und bei jeder neuen Auftragserteilung die Bedarfsmenge erst in die Pause eingetragen wird, damit nicht immer neue Stücklistenauszüge gemacht werden müssen. Die ausführliche Angabe des Einzelbedarfs je Konstruktionsteil und die nachträgliche Zusammenziehung je gleicher Materialart (Spalte 3—5) ist immer zweckmäßig, denn wenn im Laufe der Zeit Materialänderungen notwendig werden, ist ein leichtes Auffinden und Ausbessern in den Halb- und Normteillisten durchführbar. Soweit in einzelnen Fertigungsgebieten der Weg zum Baukastensystem schon ziemlich weit vorgeschritten ist, ist es angezeigt, den Materialauszug nicht je Gesamtmaschine, sondern je Baugruppe zu machen.

C. Fertigungs- und Verfahrenstechnik

Bereits im Abschnitt über die Investitionsplanung wurden die Grundsätze von Rentabilität und Wirtschaftlichkeit industrieller Arbeitsvorgänge behandelt [*18*]. Hier sei noch hinzugefügt, daß allgemein in einem Werk mit geringem Bedarf einfachere Anlagen (Fertigungsmittel), in einem mit großem Bedarf hochentwickelte, sehr leistungsfähige Einrichtungen wirtschaftlicher sind, da diese zwar meist höhere feste aber geringere veränderliche Kosten verursachen. Vielfach kann sich aber auch ein kapitalintensiveres Verfahren für die Grundbeschäftigung als zweckmäßig erweisen, neben dem zum Auffangen besonderer Stoßgeschäfte ein Verfahren mit weitgehender Handarbeit einherläuft. Zu beachten bleibt ferner, daß Anlaufverluste bei einem neuen Verfahren oft hoch sind und den Anschaffungskosten zugeschlagen werden müssen und daß eine Verkürzung der Materialdurchlaufzeit bei Anlagen mit kürzeren Herstellungszeiten nicht unerhebliche Zinseinsparung bringt. Außerdem darf nicht übersehen werden, daß Einsparungen an Arbeitszeit und damit Arbeitskräften wiederum Ersparnis an Wasch- und Ankleideräumen, geringere Verwaltungskosten, Ersparnis an Siedlungsbauten usw. bringt. Es ist daher immer zweckmäßiger, eine Ausweitung der Erzeugung nicht durch Erweiterungsbauten und mehr Maschineneinsatz, sondern durch *Rationalisierung* der Fertigung, bessere Arbeitskraftauswertung, Abstellung unproduktiver Arbeiten, Verkürzung der Handzeiten, besseres organisatorisches Zusammenspiel und Einrichtung von Fließfertigungen und Automatisierung vorzunehmen.

19. Industrielle Produktionstechnik. Hierzu gehören sowohl die Verfahren der Fertigungs- als auch der Verfahrenstechnik nebst ihrer wirtschaftlichen Durchführung. Es handelt sich um ein auf empirischer Grundlage gewachsenes Wissensgebiet von außerordentlicher Vielfalt. Man ist z. Z. bemüht, einheitliche Benennungen und Begriffsbestimmungen dafür zu schaffen [19].

Einen Anhalt für die begriffliche Aufgliederung der Fertigungstechnik gibt die Tab. 12 in knapp gefaßter Form, auf Grundlage folgender Normblätter:

DIN 8580: Begriffe der Fertigungsverfahren,
DIN 8588: Zerteilen (erste Untergruppe der Gruppe 3 „Trennen"),
DIN 8593: Fügen (Gruppe 4 der Fertigungsverfahren),
Entwurf   DIN 8582: Umformen (Gruppe 2),
Entwürfe   DIN 8583 bis 8587: Untergruppen der Gruppe 2.

Zur Fertigungstechnik gehören somit vor allem auch die Verfahren zur Gestaltung von Werkstücken mit Hilfe maschineller Werkzeuge (Werkzeugmaschinen) und deren Zusammenbau zu Erzeugnissen.

Tabelle 12. *Einteilung der Fertigungsverfahren*

	Zusammenhalt		
schaffen	beibehalten	vermindern	vermehren
Formschaffen	Formändern		Formergänzen
1. Urformen z. B. durch Kondensieren Gießen Elektrolyse Sintern	*2. Umformen* durch Druck, Zug, Biegen, Verdrehen usw.	*3. Trennen*[1] Zerteilen, Spanen, Abtragen usw.	*4. Fügen*[2] Einpressen, Falzen, Löten, Schweißen usw.	*5. Beschichten* z. B. durch Anstreichen Aufspritzen Aufschweißen Aufdampfen Galvanisieren Emaillieren

	6. Stoffeigenschaft ändern durch		
Umlagern	Aussondern von Stoffteilchen	Einbringen
z. B. Härten Anlassen	z. B. Entgasen Entkohlen	z. B. Aufkohlen Nitrieren

[1] Für die Benummerung von Fertigungsverfahren oder zugehörigen Werkzeugmaschinen kann Trennen weiter in 3–1 Zerteilen (abfallos) von Blechen, Ausklinken, Schlitzen, Brechen von Stangen usw. unterteilt werden; 3–2 spanende Formgebung, a) Schneide geometrisch bestimmt: Drehen, Hobeln, Meißeln, Stoßen, Bohren, Reiben, Fräsen, Sägen, Feilen usw.; b) Schneide unbestimmt: Schleifen, Polieren, Honen, Läppen, Strahlen, Trommeln usw.; c) Abtrageverfahren: Elektroerodieren, Polierätzen usw.
[2] Weitere Unterteilungen erfolgen beim Fügen Stück mit Stück: a) Lösbar: Verschrauben, Verpressen, Binden, Flechten; b) nicht lösbar: Nieten, Schweißen, Löten, Kleben, Leimen, Bördeln, Einwalzen, Falzen. Beim Fügen Stück mit Schicht: Gußplattieren, Walzplattieren.

Durch die Verfahrenstechnik werden neue Stoffe mit definierten chemischen und physikalischen Eigenschaften gewonnen durch Analyse und Synthese naturgegebener Stoffe. Hierzu dienen vorwiegend die Verfahren Trennen und Vereinen.

a) *Fester Einsatz*, z. B. Sortieren, Setzen, Sichten, Sieben, Filtern, Zerkleinern, Lösen, Schmelzen.
b) *Flüssiger Einsatz*, z. B. Teilverdampfen, Ausfrieren, Destillieren, Rektifizieren, Extrahieren, Elektrolyse.

Zur Verfahrenstechnik zählen u. a. Grundstoffindustrie und Bergbau, ihr hauptsächlichstes Hilfsmittel ist die Apparatur.

Für die Auswahl der Verfahren selbst sind, sofern man die technisch mögliche und für den arbeitenden Menschen Gesundheit und Sicherheit gewährleistende Durchführung voraussetzt, allgemein maßgebend: Geometrische Form und Größe der Erzeugnisse, ihre Güte (Qualität) und zu fertigende Stückzahlen. Form und Genauigkeit bedingen sich oft gegenseitig, ebenso beeinflußt die geforderte Genauigkeit die Mengenleistung je Zeiteinheit. Wesentlich ist noch, daß ein Fertigungsverfahren möglichst ohne Zwischenstufen das verkaufsreife Erzeugnis ergeben soll.

20. Fertigungsaufgabe [20]. Wenn auch die Fertigungsaufgabe durch den Konstrukteur in der Zeichnung für den Einzelfall festgelegt wird, erscheint es doch zweckmäßig, sich besonders bei vielverzweigtem Fertigungsprogramm eine Übersicht über die insgesamt anfallenden Aufgaben mit Hilfe statistischer Erfassungen (Lochkarte, Kartei) zu verschaffen. Man kommt dann zu einer entsprechenden technologischen Einteilung, z. B. nach Bolzen und bolzenartigen, flanschen- und buchsenartigen (Bild 22), hebel- und gehäuseartigen Teilen usw., die grundsätzlich die gleichen Fertigungsverfahren zu ihrer Herstellung erfordern. Wird nun durch Zusammenfassen ähnlicher Werkstücke diese Ordnung auch für den Fertigungsablauf in den Werkstätten übernommen, so kommt man entsprechend dieser Teile-Familien-Fertigung (Bild 23) auch zu Fertigungsstraßen, wobei es dann oft

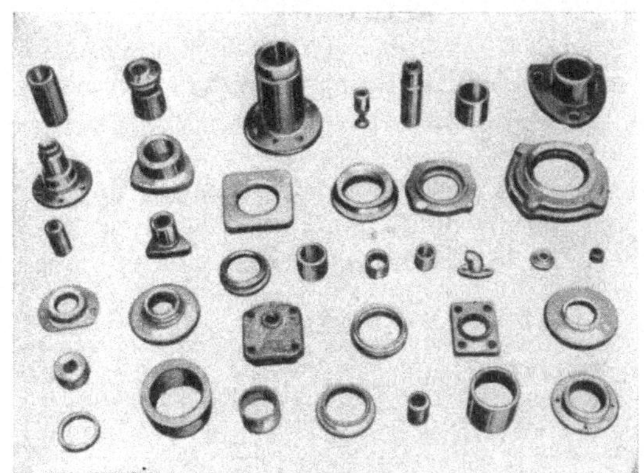

Bild 22. Flanschen- und buchsenartige Teile als gleichartige Fertigungsaufgabe zusammengefaßt.

infolge Wegfalles der Rüstzeiten (die Bearbeitungsmaschinen haben alle für die Bearbeitung einer Teilefamilie erforderlichen Werkzeugsätze) für jedes Einzelteil gleichgültig (oder kostenmäßig fast uninteressant) ist, ob über eine solche Gruppenfertigungsstraße Aufträge kleinerer oder größerer Stückzahl laufen. Aber auch in

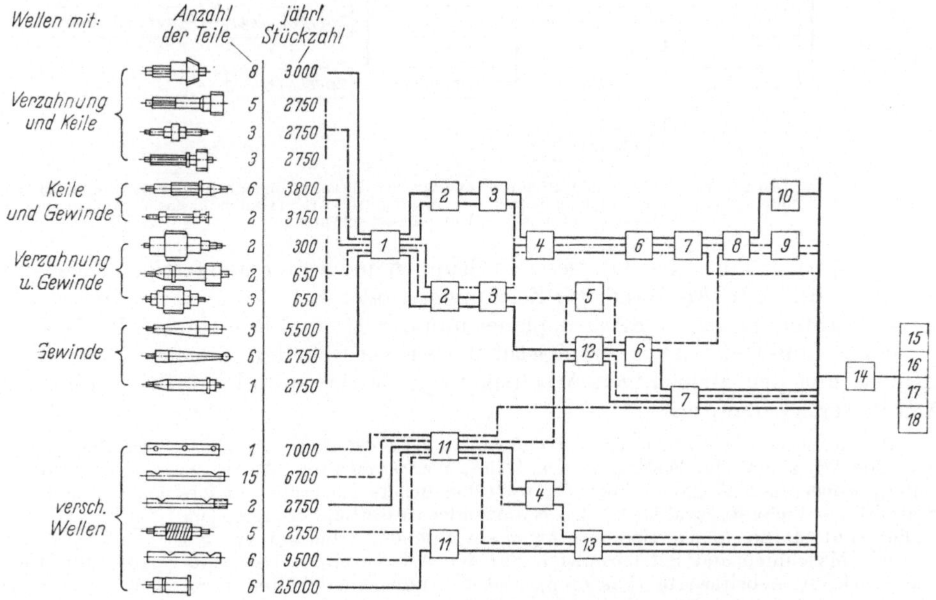

Bild 23. Zusammenfassung von Wellen zu einer Fertigungsaufgabe und Aufstellung der Maschinen zu Fertigungsstraßen. *1* Zentriermaschine; *2* hydraulische Kopierdrehbank; *3* Fertigdrehbank; *4* Keilwellenfräsmaschine; *5* Keilnutenfräsmaschine; *6* Gewindefräsmaschine; *7* Bohrmaschine mit 3 Drehzahlen; *8* Rundschleifmaschine; *9* Stoßmaschine für Zahnräder; *10* Zahnradfräsmaschine; *11* Revolverdrehbank; *12* Universalfräsmaschine; *13* hydraulische Rundschleifmaschine; *14* Kontrolle; *15* Wärmebehandlung; *16* Schleifen; *17* Schlußkontrolle; *18* Zwischenlager. (Vgl. E. BRÖDNER: Werkstattplanung und Maschinenaufstellung. Industrie-Anz. 1953, H. 43).

der Fertigungsplanung können durch Zusammenfassung der einmal zu erstellenden Ablaufpläne für eine Teilefamilie Arbeit und der Spezialwerkzeuge und Sondereinrichtungen in einer Grundvorrichtung mit auswechselbaren Einsätzen Kosten gespart werden.

Dies trifft grundsätzlich auch für die **Verfahrenstechnik** zu, wenn z. B. in der Papierindustrie Aufträge gleicher Papierqualität (qm-Gewicht, Farbe, einseitig-glatt) über die Papiermaschine laufen und dann erst im Rollen- oder Querschneider, bzw. über Feuchtmaschine, Kalander, Prägekalander usw. nach Aufträgen abgewickelt werden.

a) Arbeitsplan in der Fertigungstechnik. Schon beim Entwurf des herzustellenden Erzeugnisses legt der Konstrukteur im *Aufteilungsplan* seiner Konstruktion für die Zeichnungsbenummerung den *Arbeitsplan* der Einzelteile zu

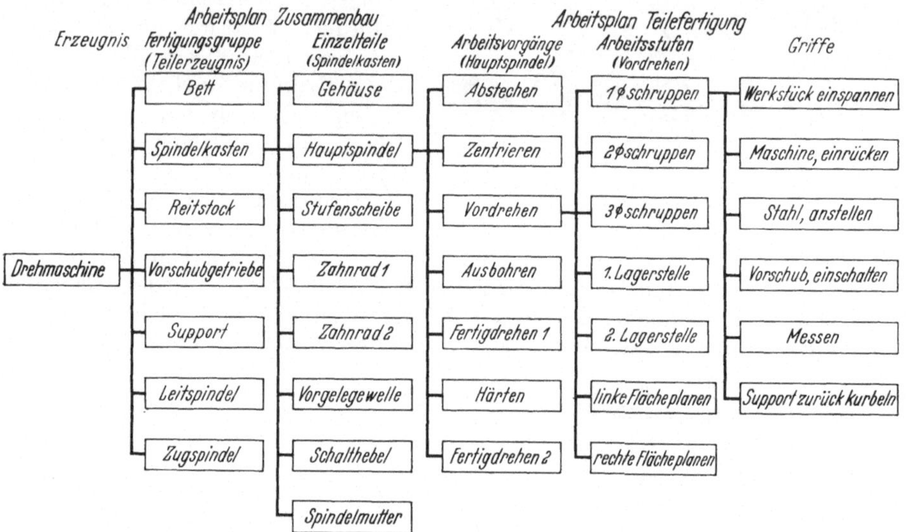

Bild 24. **Arbeitsplan** für den Aufbau einer Drehmaschine aus den Zusammenbaugruppen Bett, Spindelkasten, Reitstock usw. **Arbeitsplan** für die Hauptspindel mit Unterteilung nach Arbeitsstufen für das Vordrehen mit den Griffgruppen für „ersten Durchmesser schruppen".

Untergruppen (Bilder 24 u. 25), dieser zu Gruppen und weiter zum fertigen Erzeugnis fest (vgl. Bild 12). An Hand der Zeichnungen oder auf Grund eines Musters der Versuchsabteilung legt der Arbeitsplaner nun die Art und Reihenfolge der Arbeitsvorgänge, unterteilt nach Arbeitsstufen, bei verwickelten Stücken sogar nach Griffen, mit den zugehörigen Arbeitsplätzen, Betriebsmitteln, Arbeitszeiten und Arbeitswertigkeiten, fest.

Als wichtigstes Dokument der Fertigungsplanung enthält der *Arbeitsplan* für das Einzelteil (Bild 26) zuerst die Festlegung des Teiles, Werkstoffes und Auftrages mit allen Einzelheiten, wobei auch Angaben über die wirtschaftlichste Losgröße, Lieferstückzahl und Bestellzahl (= Lieferstückzahl plus zu erwartender Ausschuß entsprechend Tab. 10) zweckmäßig sind. Dann folgen Spalten für auszuführende Arbeitsgänge, Kostenstellen, einzusetzende Maschinen und Betriebsmittel. Für den Arbeitszeitermittler sind Spalten für Rüst- und Stückzeit, Arbeitswerte (Faktoren) und Maschineneinstelldaten vorgesehen, so daß der Arbeiter sieht, unter welchen Bedingungen er die vorgeschriebene Zeit erreichen kann.

Da es nun vielerlei Möglichkeiten gibt, ein bestimmtes Werkstück zu fertigen, erfordert die Festlegung der rationellsten Art Erfahrung und geistige Regsamkeit des Planers. Allgemein werden in der Einzelfertigung die Arbeitsgänge umfangreicher und in ihrer Folge anders als in der Großreihen- und Massenfertigung sein. Es bedeutet dies z. B. beim Übergang von Einzelfertigung mit ihrer Vielseitigkeit zum Kleinreihenbau, daß an die Stelle der Anreißplatte die

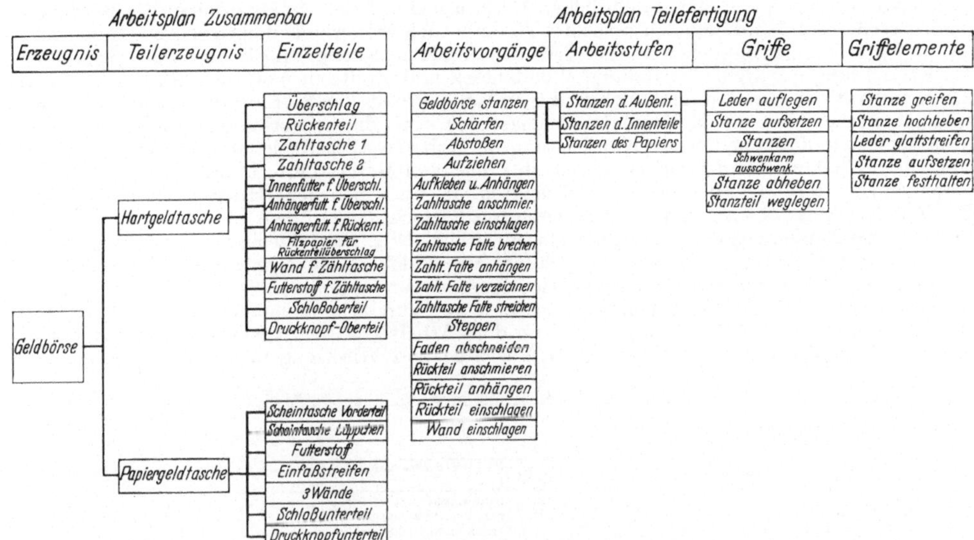

Bild 25. Aufbau einer Geldbörse aus Teilerzeugnissen und Einzelteilen. Beispiel für Arbeitsvorgänge und ihre Aufgliederung.

Bild 26. Arbeitsplan für ein Drehteil mit Materialfestlegung, Arbeitsgängen und kalkulatorischer Auswertung, * zeigt an, daß die Arbeitszeiten durch Zeitstudie festgelegt bzw. überprüft sind.

Schablone, an die Stelle der gewöhnlichen Drehmaschine (Vielzweckmaschine) die Revolverbank gestellt wird. Wird die Kleinserie zur sich monatlich wiederholenden Großserie, dann rückt an die Stelle des gewöhnlichen Werkzeuges das Sonderwerkzeug, an die Stelle des Schablone die Vorrichtung mit Schnellspannung, Wendeblock und Rolltisch usw. Es tritt weiter neben die Revolverbank der Automat, neben die einfache Presse die Stufenpresse, neben die Einspindelbohrmaschine die Mehrspindelbohrmaschine. Die damit verbundene steigende Ausbringung sowie die zunehmende Kopfleistung im Rahmen aller Rationalisierungsmaßnahmen stellt immer höhere Anforderungen an den störungslosen Materialfluß. Daher muß der Arbeitsplaner auch die *Fördermittel* besonders beachten, als unentbehrliche Hilfsmittel neuzeitlicher Fertigungstechnik, ebenso aber auch die neuesten Fortschritte auf dem Gebiet der Fertigungstechnik, wie Funkenerosion, Umformen durch Druck- bzw. Schockwellen, Ultraschall, Infrarottrocknung, Röntgen- und Strahlentechnik, Metallkleben, elektrostatisches Farbspritzen, Emaillieren, Elektropolieren usw. um sie richtig einplanen zu können.

Bei verwickelten Werkstücken wird außer den Grundarbeitsplänen noch zusätzlich die *Arbeitsunterweisung*[1] (Bild 27) aufgestellt, um dem Arbeiter in der Werkstatt genau zu sagen, wie er bei größtmöglicher Schonung von Maschine und Werkzeug unter geringster eigener

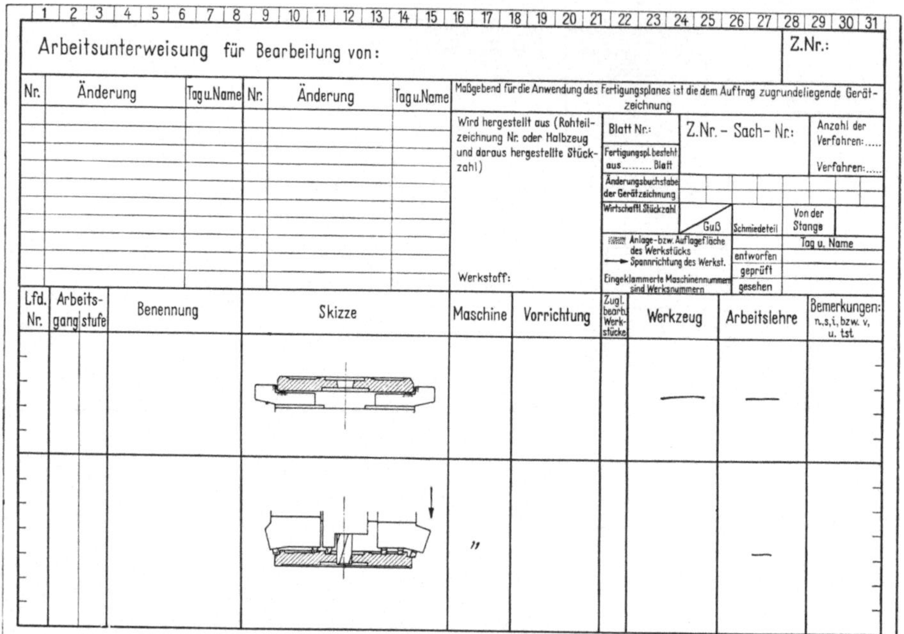

Bild 27. Arbeitsunterweisung im Anschluß an den Arbeitsplan schwieriger Arbeitsstücke. Als Beispiel die ersten zwei Spindelstellungen für die Bearbeitung eines Schwungrades auf einem Senkrecht-Mehrspindel-Automaten.

Denkarbeit und körperlicher Anstrengung gute Arbeit leisten kann und dabei mit den Vorgabezeiten sein Auskommen findet. Klare Skizzen ersparen auch hier Aufklärungszeit. Die Arbeitsunterweisung ist dem Arbeitsplan nachgeordnet. Sie unterteilt die einzelnen Arbeitsgänge in Arbeitsstufen und enthält für diese unter Beifügung von Skizzen die näheren Angaben über die Art des Aufspannens, die Einstellung und Anstellung der zu verwendenden Werkzeuge, Schnittgeschwindigkeiten, Vorschübe usw. Arbeitsunterweisungen können aber auch für Prüfvorgänge u. dgl. notwendig werden.

b) Arbeitsplan bzw. Rezeptur und Fließbilder der Verfahrenstechnik [21]. In der Verfahrenstechnik geht man vom Versuchsergebnis (Rezeptur) des Laboratoriums aus. Der Verfahrensingenieur muß die Rezeptur in betriebs-

---

[1] Vgl. AWF-Vordrucke Nr. 411-3 für die Arbeitsunterweisung (spanabhebende, spanlose Bearbeitung und Zusammenbau). Beuth-Vertrieb, Berlin 30 und Köln.

3*

technische Größen übertragen, wobei er sich, abgesehen von Chemie, mit physikalischen und physiologischen Fragen, mit angewandter Thermodynamik und Strömungslehre zu beschäftigen hat. Dazu kommen Werkstoffeigenschaften, Aufbereitungstechnik, Meß- und Regeleinrichtungen.

Für die *Durchführung* des Verfahrens zur Gewinnung oder Verarbeitung sind wohl in erster Linie das Erzeugnis und die herzustellenden Mengen maßgebend. Kleine und mittlere Mengen (z. B. organische Farbstoffe, pharmazeutische Produkte, Textilhilfsmittel, Speiseöle usw.) werden allgemein im *Chargenbetrieb* (diskontinuierlich) hergestellt (gewisse Knet- und Reifungsprozesse, Schmelzvorgänge grundsätzlich), wobei oft die gleiche Apparatur zur Herstellung verschiedener Produkte Verwendung findet. Bei großen Mengen wird man, wenn immer möglich, den *kontinuierlichen* Betrieb anstreben (z. B. Erdöldestillate, Kunststoffe, Grundchemikalien wie Ammoniak, Mineralsäuren, Lösungsmittel usw.). In der Verfahrenstechnik lassen sich trotz der Verschiedenartigkeit der Erzeugnisse — Nahrungsmittel, Chemikalien, synthetische Fasern usw. — alle Verfahren auf gewisse Grundvorgänge, nämlich das *Trennen* und *Vereinen* zurückführen (vgl. Abschn. 19). Die zweckmäßige Verbindung mit Hochdruck oder Vakuum, Hoch- oder Tieftemperaturen hängt von vielen stofflichen, physikalischen und chemischen Bedingungen ab.

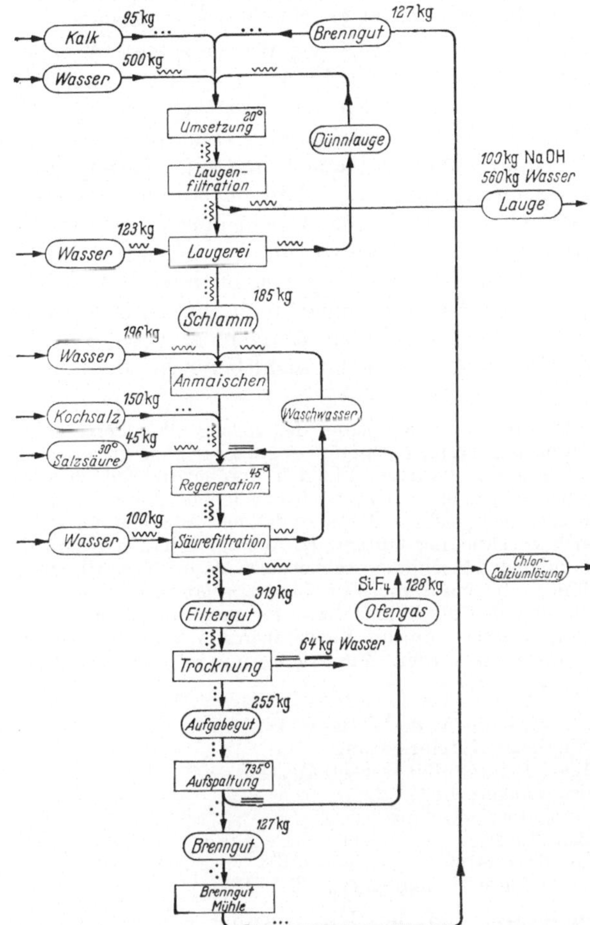

Bild 28. Mengenfließbild in der Verfahrenstechnik, wobei die Form und Verteilung des Stoffes neben den Weglinien durch folgende Symbole angegeben sind:

Flüssigkeit   Feststoff grob   Feststoff, Pulverform

Suspension   Gas   Dampf

Staub-Gas-Gemisch   Schlamm   Schaum.

Für die *Darstellung* der chemischen Verfahren wird im einfachsten Fall unter die Gleichungen und Symbole der Stoffe die auf eine Gewichtseinheit des Produktes bezogene Menge geschrieben. Für den Betrieb aussagefähig ist aber erst das *Mengenfließbild* (Bild 28), das ein- und ausgehende sowie umlaufende Stoffe hinsichtlich Menge und Zusammensetzung erkennen läßt, die Verfahrensvorgänge mit den Bedingungen kennzeichnet und so dem Arbeitsplan der Fertigungstechnik entspricht. Zwecks einheitlicher Darstellung wurden Normen entwickelt:

DIN 7091 Schematisches Fließbild der chemischen Technik, Aufbau und Kurzzeichen,
DIN 2429 Sinnbilder für Rohrleitungsanlagen,

DIN 23011 Vornorm-Abnahme und Überwachung von Steinkohlenaufbereitungsanlagen,
DIN 24100 Entwurf 1953, Hartzerkleinerung, Begriffe,
DIN 15201 Jan. 1955 Sinnbilder für Stetigförderer.

Die letzten Normen finden besonders in sogenannten konstruktiven Fließbildern Anwendung, die in Sinnbildern (Symbolen) auch die Apparate für die einzelnen Prozesse darstellen.

21. Maschinelle Einrichtungen [*22*]. So vielfältig wie die einzelnen Arbeitsvorgänge (Arbeitsverfahren) in den verschiedenen Industriezweigen, so vielfältig sind auch die Anforderungen an die Maschinen und Einrichtungen. Gewisse Grundforderungen haben neben dem Wunsch nach entsprechender Dauermengen- und Güteleistung Allgemeingültigkeit: Handlichkeit, Übersichtlichkeit, Narren- und Unfallsicherheit in der Bedienung, geringe Reparaturanfälligkeit, langsamer Lager- und Führungsbahnenverschleiß, elektrohydraulische, elektrische oder pneumatische Steuerorgane und möglichst automatischer Arbeitsablauf. Zu beachten bleibt weiter, daß die Komplizierung der Maschinen nicht zu weit getrieben wird, da neben den zu hohen Anschaffungskosten und Abschreibungen auch die Unterhaltung unwirtschaftlich ist. Statistische Untersuchungen haben übrigens ergeben, daß die technischen Möglichkeiten vieler Werkzeugmaschinen gar nicht benötigt oder höchst selten eingesetzt werden.

Kennzeichnung der Maschinen. Damit der Arbeitsplaner der vorliegenden Fertigungsaufgabe die zweckmäßigste Maschine zuordnen kann, entnimmt er Näheres über die vorhandenen Betriebsmittel den AWF-Maschinenleistungskarten. Vielfach werden die Karten aller gleichartigen Maschinen derselben Größe zur schnellen Unterrichtung in Maschinengruppenlisten zusammengefaßt. Sie enthalten alle technischen Daten und auch Angaben über die Wertigkeit (Alter, Betriebszustand, noch vorhandener Gütegrad). Aus der genauen Kenntnis der Fertigungsaufgaben und der vorhandenen Maschinen ergeben sich dann auch Hinweise für neu zu beschaffende Betriebsmittel im weitestem Sinne. Ein *Nummernplan* bzw. *Nummernschlüssel* als Grundlage der Kennzeichnung der Maschinen bzw. für das Einordnen in die Maschinenkartei, für die Kostenerfassung u. dgl. kann mit Buchstaben und Zahlen oder nur mit Zahlen (Lochkarten) systematisch aufgebaut werden. Zur Erläuterung folgendes Beispiel:

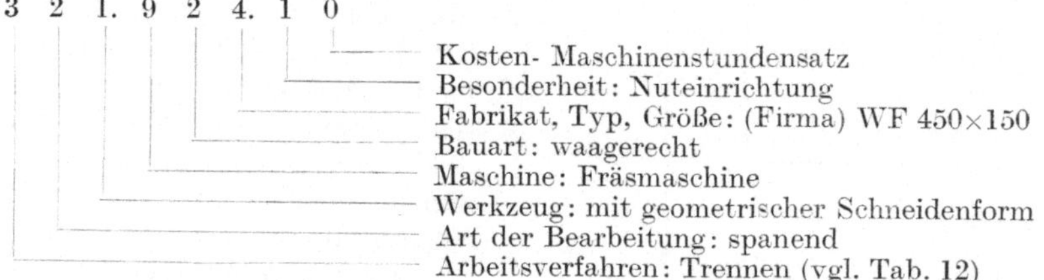

22. Wirtschaftlicher Maschineneinsatz. Bei der Überprüfung des Maschineneinsatzes und der Rationalisierungsmöglichkeit geht man zweckmäßig von der Auftragszeit (früher Vorgabezeit oder Akkordzeit genannt) aus [*23*].

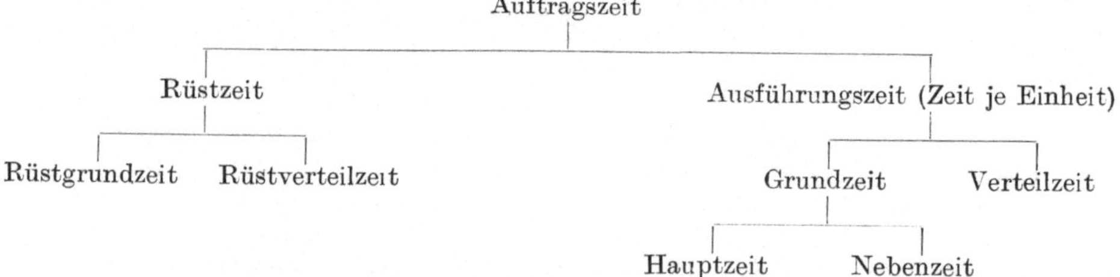

Diese Arbeitszeitgliederung des REFA[1] läßt die „Rüstzeit", „Hauptzeit" und „Nebenzeit" als grundsätzlich voneinander scharf abgegrenzte Zeitarten erkennen,

[1] Verband für Arbeitsstudien – Refa e. V., Darmstadt, Holzhofallee 35.
Ausführlichere Angaben siehe Werkstattbuch Heft 100 „Arbeitsvorbereitung II".

die für wirtschaftliche Verbesserungen in der Fertigung besonders zu beachten sind. Sie werden deshalb in den nächsten Abschnitten eingehend behandelt.

23. Herabsetzung der Rüstzeit.

Während sich der Zeitaufwand für die Aufertragsteilung und Werkzeugbeschaffung organisatorisch beeinflussen läßt, kann man die eigentliche Einrichtezeit der Maschine durch zweckentsprechende einbaufähige Werkzeugeinrichtungen im Zusammenhang mit der Gestaltung der Maschine herabsetzen, z. B. in der Kleinreihenfertigung durch Schwenkstahlhalter mit Einhebelbedienung.

Die Vorzüge von *Werkzeugeinrichtungen* zeigen sich besonders bei Vielstahlbänken, wo das Abstimmen der einzelnen Drehmeißel aufeinander große Sorgfalt und einen entsprechenden Zeitaufwand erfordert. Nach Zusammenfassung möglichst vieler Drehmeißel in einem Blockstahlhalter braucht man diese Arbeiten nicht immer zu wiederholen und kann das Wiedereinrichten und Umrichten ganz wesentlich vereinfachen und verkürzen, weil die Blöcke nur mit Hilfe von Einstellehren zueinander in die richtige Lage gebracht werden müssen. Überhaupt spielt die Frage des Werkzeugwechsels, bei dem teuere Automaten stillstehen, eine immer größere Rolle. Die Voreinstellung außerhalb der Maschine, der Wechsel aller Werkzeuge gleichzeitig in bestimmten Abständen gewinnt immer größere Bedeutung. Die Genauigkeit der Voreinstellung reicht bereits bis 5 μm ($= 0,005$ mm) im Durchschnitt.

Beispiele: In der Revolverdreherei kann ein Revolverkopf für drei verschiedene Werkstücke (Bild 29) eingerichtet werden, so daß bei wiederkehrenden Monatsserien das Einrichten entfällt. Auswechselbare Revolverköpfe mit eingestellten Werkzeugen sind der nächste Schritt zur Rüstzeitverkürzung. In Tab. 13 und Bild 30 ist noch der Einfluß der Rüstzeit beim Drehen von Gewindebüchsen dargestellt, wobei die Schnittpunkte der Kurven die Stückzahlen angeben, bei denen der Vorteil von einer zur anderen Maschine übergeht. Der Übergang der Kurven in die Gerade zeigt die Stückzahl an, bei der die Rüstzeit praktisch überhaupt nicht mehr ins Gewicht fällt. Ähnliche Überlegungen gelten für alle Maschinenarten, wobei auch noch die Normung der Aufnahmen für Werkzeuge und Spannmittel einen weiteren Weg zeigt. Dies gilt besonders in Stanzereibetrieben, wo hierdurch die Wiederverwendung von Schnitten auf verschiedenen gerade zur Ver-

Bild 29. Revolverkopf für 3 verschiedene Werkstücke eingerichtet, so daß das Umrichten der Maschine erspart wird (Bauart Pittler).

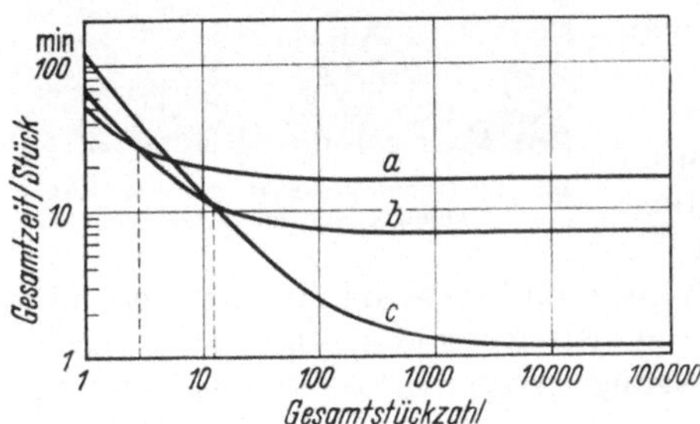

Bild 30. Einfluß der Rüstzeit beim Drehen von Gewindebüchsen. *a* Spitzendrehbank; *b* Revolverdrehbank; *c* Einkurvenautomat.

Tabelle 13. *Fertigung von Gewindebüchsen (vgl. Bild 30)*

Maschine	Rüstzeit Min.	Stückzeit Min.	Stückzeit %
a Spitzendrehbank	40	16,4	100
b Revolverdrehbank	65	7,0	42
c Einkurvenautomat	130	1,2	7

fügung stehenden Pressen möglich wird und Einlegehülsen-Sucharbeit einzusparen ist. Eine Herabsetzung der Rüstzeit bringen auch die Loch- und Formstanzen mit am Kreisumfang angeordneten Werkzeugen, die Lochen und Ausstanzen in beliebiger Reihenfolge ermöglichen. Einen weiteren Schritt stellen die numerisch gesteuerten Bohr- und Fräswerke mit selbsttätigem Werkzeugwechsel dar, die z.B. in beliebiger Reihenfolge auf mehreren Werkstückseiten (Drehtisch) in einer Aufspannung fräsen, bohren, ausbohren, reiben und Gewinde schneiden. Solche Maschinen sowie auch numerisch gesteuerte Drehmaschinen usw. werden von verschiedenen deutschen Firmen gebaut bzw. angeboten.

24. Herabsetzung der Hauptzeit. a) Spanende Fertigung. Grundlegend und zugleich am leichtesten durchführbar für die wirtschaftliche Gestaltung eines Zerspanungsvorganges ist die Einhaltung der günstigsten Schnittgeschwindigkeit.

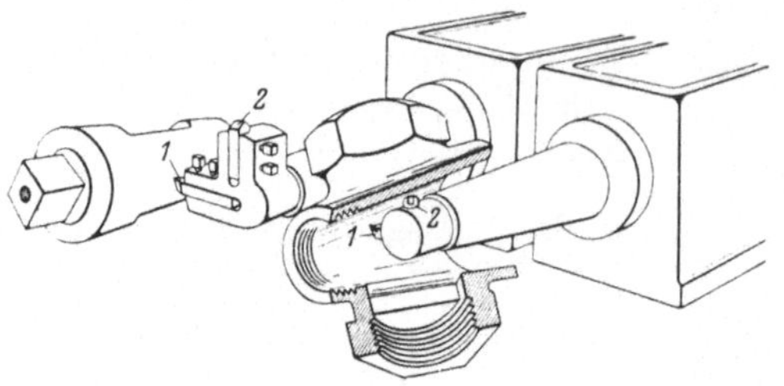

Bild 31. Gleichzeitiges Drehen von Hahngehäuse und Küken auf einer zweispindeligen halbautomatischen Drehmaschine. Von rechts nach links grob drehen mit Meißel *1*, dann schwenken und zurück fein drehen mit Meißel *2* (Maschinenfabrik Diedesheim, Diedesheim, Post Neckarelz).

Bild 32. Trommelfräswerk mit 4 Messerköpfen (Bauart Hürxtal, Remscheid).

Sie ist mit Rücksicht auf die Oberflächengüte möglichst hoch zu wählen, aber nach oben begrenzt durch das Standzeitverhalten der Werkzeuge (reine Schnittzeit bis zum Abstumpfen der Schneide) und auch durch die Maschinenbauart. Soweit die vorgeschriebene Schnittsauberkeit es gestattet, fördern große Vorschübe die Zerspanungsleistung. Bei reiner Schrupparbeit muß man möglichst die Maschinenleistung voll ausnutzen. Außerdem ist von der Maschine her noch eine Zeiteinsparung möglich und zwar dann, wenn sie infolge ihrer *starren Bauart* auch bei großer Zerspanungsleistung eine sehr gute Oberfläche erzielt, so daß nachfolgende Schlichtarbeitsgänge wegfallen, zumindest vereinfacht werden können.

Da auch die beste Maschine ohne ein aus geeignetem Werkstoff richtig geformtes *Werkzeug* nicht ausgenützt werden kann, müssen hierzu alle eigenen und fremden Erfahrungen ausgewertet werden. Darüber hinaus wird durch die Erhöhung der Standzeit bei gleichbleibend hoher Zerspanungsleistung die Häufigkeit des Nachschleifens vermindert, so daß auch die Kosten der Instandhaltung für das Werkzeug sinken, zugleich mit den Zeiten für das Ein- und Ausspannen, Einstellen und Messen. In der Massenfertigung hat man sich z.B. entschlossen, eigene Werkzeugwechselpläne aufzustellen [*24*]. Jede Erhöhung der Standzeit begünstigt die Wirtschaftlichkeit bei spanabhebender Fertigung.

Nicht übersehen darf man die Wirkung richtig gewählter Schneid- und Kühlöle auf die Schneidhaltigkeit der Werkzeuge, wobei vielfach die Schneidflüssigkeit auch noch nebenher zur Spanabfuhr, besonders bei Automaten, und beim Schlichten zur Erhöhung der Oberflächengüte dient, ja sogar notwendig sein kann. Darüber hinaus soll immer versucht werden, mit Normalwerkzeugen auszukommen, um die Kosten und langen Anfertigungszeiten von Sonderwerkzeugen zu sparen.

Allgemein erfordern *Mehrzweckmaschinen* in der Einzelfertigung mit vielseitigen Aufgaben meist lange Neben- und Umrichtezeiten, während *Sondermaschinen* für die Serien- und Massenfertigung bei festem Fertigungsprogramm mit kürzesten Nebenzeiten bei ebenfalls weitgehender

Hauptzeitkürzung auskommen. Ein Weg zur Herabsetzung der Hauptzeit führt in der Dreherei über die Drehmaschine mit großem Drehzahl- bzw. Vorschubbereich bzw. stufenlosem Getriebe zum Mehrfachstahlhalter mit Hartmetallmeißeln oder dem gleichzeitigen Arbeiten mit mehreren Werkzeugschlitten an Nachformdrehmaschinen. 2spindeliges Drehen (Abb. 31) bringt besonders in der Armaturenindustrie große Arbeitszeiteinsparungen, weil das gleichzeitige Schruppen und, nach selbsttätigem Schwenken der Stahlhalter, Schlichten im Rücklauf absolute Kegelgleichheit von Hahn und Kücken gewährleistet. Das Einschleifen fällt meist außerdem weg. Mehrspindelautomaten, wo alle Meißel oder Meißelgruppen an mehreren Werkstücken gleichzeitig arbeiten, so daß nach jeder Weiterschaltung ein fertiges Werkstück von der Maschine fällt, werden in der Massenfertigung eingesetzt. Hierbei lassen sich auf Mehrspindelautomaten mit feststehenden Werkstücken in einem Revolverkopf bei umlaufenden Werkzeugen auch sperrige Stücke bearbeiten. Einfachere Werkstücke wiederum lassen sich mit feststehenden, vielgestaltigen Werkzeugen bei umlaufenden Werkstücken auf Waagerecht- oder Senkrecht-Mehrspindelautomaten wirtschaftlich bearbeiten, wobei ein Mann 2 bis 3 Automaten bedienen kann.

Bei großen Plandrehmaschinen ist es durch elektrisch, mechanisch oder hydraulisch stufenlos verstellbare Arbeitsspindel-Drehzahlen möglich, mit gleichbleibender Schnittgeschwindigkeit zu arbeiten. Ähnlich liegen die Verhältnisse in der Fräserei, wo das Streben, 2 oder mehrere Flächen gleichzeitig zu bearbeiten, zur Vierspindel-Langfräsmaschine führt. Trommelfräswerke mit trommelartigem, auf waagerechter Spindel befestigtem Aufspanntisch, der auf beiden Seiten Werkstücke aufnehmen kann und zum Auf- und Abspannen nicht stillgesetzt zu werden braucht, haben besonders hohe Leistungen (Bild 32).

Einspindelbohrmaschinen werden überall dort von Mehrspindelmaschinen verdrängt, wo mehrere Löcher gleichzeitig gebohrt werden können. Mehrfachbohrmaschinen mit Gelenkspindeln, bei denen infolge Auswechselbarkeit der einzelnen Spindeln eine vielseitige Verwendbarkeit in bezug auf Lochzahl, Bohrdurchmesser und Lochabstand gegeben ist (Bild 33), haben sich für mittlere und kleinere Bohrleistungen bei geringem Spindelabstand bewährt. Aus mehreren Bohreinheiten nach dem Baukastensystem zusammengesetzte Vielspindelmaschinen sind besonders für die Massenfertigung geeignet (Bild 34).

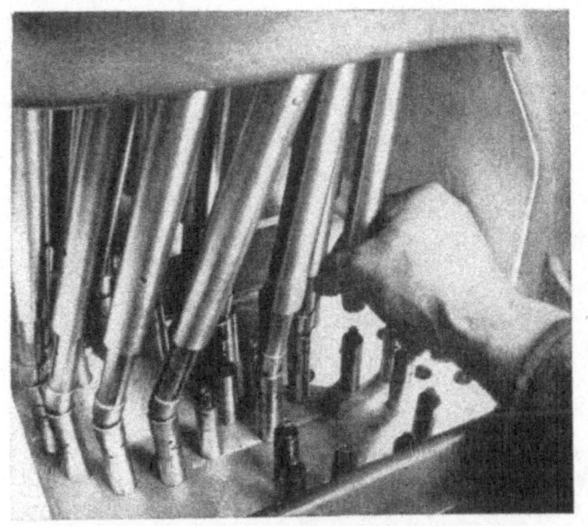

Bild 33. Mehrspindelbohrmaschine, bei der im festen Bohrspindelkasten eine große Zahl von Bohrbildern untergebracht ist. Zum Umstellen werden die Kupplungsbuchsen an den Antriebsspindeln umgesteckt (Bauart Burkhardt & Weber, Reutlingen).

Bild 34. 3-Weg-Gewindebohrmaschine für Kurbelgehäuse. Die linke Bohreinheit ist auf Schlitten verschiebbar zur wechselweisen Bearbeitung von 4- und 6-Zylinder-Kurbelgehäusen. Leistung 54 St./Std. (Bauart Burkhardt & Weber, Reutlingen).

Bild 35. Gewinde-Einstechschleifen. Der Beginn des Schleifvorganges ist am Werkstück deutlich sichtbar. Das Werkstück, ein Gewindelehrdorn, wird zuerst im Einstechverfahren geschruppt und dann mit der einprofiligen Scheibe geschlichtet. Die Schleifzeit, einschl. Nebenzeit, ist 55 min bei einer Genauigkeit des Flankendurchmessers von + 0,004 mm, $^1/_2$ Flankenwinkel $\pm$ 5' und Steigung $\pm$ 0,002 mm auf 25 mm (Bauart Lindner, Berlin).

Der Weg des Mehrfachwerkzeuges wird auch in der Schleiferei beschritten, wo beim Einstech-Rundschleifen mit zwei Scheiben verschiedenen Durchmessers, mit Profilscheiben, zusammengesetzten Schleif- und Gegenscheiben und als Sonderheit mit einer längs verstellbaren Scheibe und festen Gegenscheiben spitzenlos gearbeitet wird.

Beim Übergang vom Gewindeschneiden auf der Drehmaschine über das Gewindefräsen zum Gewindewalzen zeigt sich die Verkürzung der Hauptzeit besonders deutlich, arbeiten doch Gewindewalzmaschinen mit Minutenleistungen von z. B. 100 Stück für 3 mm und 70 Stück für 10 mm. Jedoch läßt sich auch eine Herabsetzung der Hauptzeit durch Änderung des Arbeitsverfahrens für höchstwertige und genaueste Teile durch das Einstechschleifen mit einprofiliger oder, wie in Bild 35, mit mehrprofiliger Schleifscheibe erreichen, wobei das Werkstück nur eine Umdrehung macht.

Die gleichen Erwägungen, die in der Dreherei zum Mehrspindelautomaten führten, brachten die Entwicklung der Rundtisch-Zahnradstoßmaschinen, bei der sich die Hauptzeiten gleichzeitig z. B. an 5 Stellen überlagern und das Aus- und Einspannen während des Arbeitsganges erfolgt. Auch beim Abwälzzahnradfräsen geht die Entwicklung von der Einspindel- zur Mehrspindelmaschine, bei der die Fräser übereinander gelagert sind, so daß z. B. Schwungradkörper auf der senkrechten Tischspindel paarweise gegeneinander gespannt und gleichzeitig verzahnt werden können.

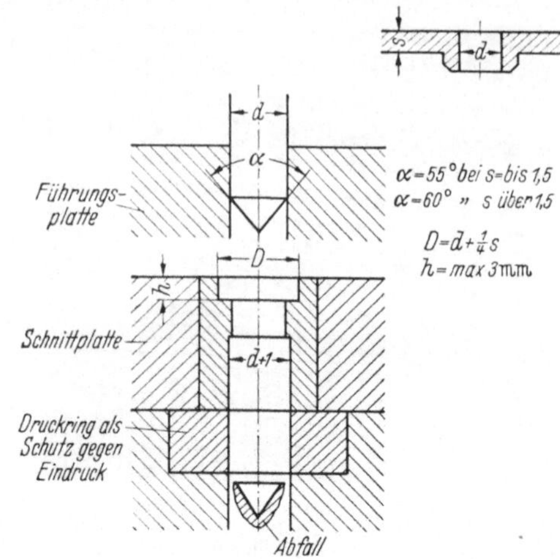

Bild 36. Düsenherstellung für Schraublöcher usw. ohne Vorlochungen in einem Arbeitsgang für dünnere Bleche.

b) Umformen. In der *Blechverarbeitung* führt die Überlagerung der Hauptzeiten beim Streifenschneiden von der Parallelschere zur Streifenschere mit umlaufenden Rollen, die gleich eine ganze Tafel aufteilt, oder man kann z. B. durch Lochen und Bördeln in einem Arbeitsgang kleine Augen für Schraublöcher herstellen (Bild 36). In der Stanzerei und Zieherei kommt bei der Stufenpresse ein vollständiger Werkzeugsatz in die Presse und alle Stufen (bis 20) arbeiten nacheinander, aber doch in den Hauptzeiten zugleich (Bild 37). Für größere Teile läßt sich auch ohne Stufenpresse eine Überlagerung der Hauptzeiten dann erreichen, wenn auf großem Pressentisch 2 oder 4 Werkzeuge (auf gleiche Enddruckhöhe unterbaut) aufgespannt werden und mehrere Arbeitskräfte im sogenannten Umlegeverfahren arbeiten. In der Einzel- und Kleinserienfertigung läßt sich die Schockwellenbearbeitung [25] dadurch rationell einsetzen, das selbst schwierige Formen von Blechteilen durch einen Arbeitsgang erreicht werden. Die Schockwellen können dabei durch Explosivstoffe, hochgespannte Gase oder elektrische Entladung erzeugt werden.

Bild 37. Kurbelpresse mit mehreren nacheinander arbeitenden Werkzeugen: Stufenpresse. Die Ziehscheibe bzw. das vorgearbeitete Werkstück wird dem ersten Werkzeug selbsttätig durch Ladescheibe zugeführt und von Werkzeug zu Werkzeug (Stufe zu Stufe) durch Greifer weiterbefördert (Industriewerke Karlsruhe A.G., Karlsruhe).

Den Übergang vom *Tiefziehen* zum *Fließpressen* (Kaltspritzen) mit außerordentlich kurzer Hauptzeit zeigen die Bilder 38 und 39.

Bei der *Wärmebehandlung* sucht man die verfahrensmäßig bedingten langen Anwärm-, Glüh- und Kühlzeiten ebenfalls durch Behandlung großer Stückzahlen auf einmal zu vermindern. Weiter wird in geeigneten Fällen das Stunden erfordernde Einsatzhärten durch das Brennhärten [26] oder das Induktionshärten [27] ersetzt, Verfahren, die die Anwärmzeit außerordentlich abkürzen, keine Wärme in das Innere des Werkstückes eindringen lassen und unmittelbar in eine Fließreihe eingefügt werden können.

In der *Gießerei* [28] verkürzt man die Haupt- und Nebenzeiten beim Formen durch möglichst günstige Ausnützung der Modellplatte (Bild 40) und durch Kopplung zweier Formmaschinen (Bild 41). Das Arbeiten nach dem Stapelgußverfahren gestattet für niedrige Teile das gleichzeitige Einpressen von Ober- und Unterplatte in einem Formkasten. Bild 42 zeigt den gießfertigen Stapel.

In der Handformerei bringen Preßluftstampfer und sogenannte Handslinger, Schleuderformmaschinen, die den Formsand direkt auf das Modell werfen und so Schaufel- und Stampfarbeit ersparen, wesentliche Einsparungen an Formarbeit. Der Sandslinger schleudert z. B. je nach Größe 8 bis 50 m³/Std. Sand mit einer Geschwindigkeit von 20 bis 50 m/sek auf das Modell. Entsprechende selbsttätige Sandzufuhr ist aber Voraussetzung für den wirtschaftlichen Einsatz dieser Maschinen.

Seit dem 2. Weltkrieg nimmt die Anwendung des Zementes [29] in der Formerei immer größeren Umfang an (DRP 520.175). Dabei wird an Stelle des bisherigen Modellsandes Quarz- oder auch Flußsand mit bis 10% gutem Portlandzement vermischt, gut handfeucht in Modellsandstärke auf das Modell aufgelegt und dann mittels Füllsand hinterstampft. In 12 Std. ist die Form gut hart, jedoch sehr gasdurchlässig und nach dem Auftragen einer sehr

Bild 38. Arbeitsgänge bei der Herstellung einer Aluminiumhülse im Tiefziehen und Fließpressen. *a* Platine als Ausgangsteil für 5 Züge beim Tiefziehen; *b* Plättchen als Ausgangsteil für einen Arbeitsgang beim Fließpressen.

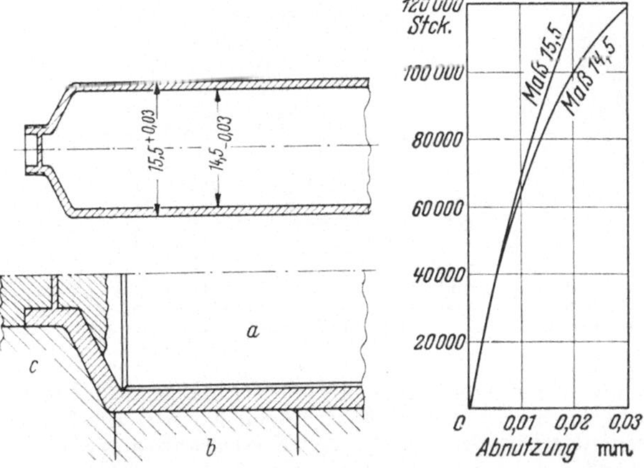

Bild 39. Werkzeuganordnung und Werkzeugabnutzung beim Fließpressen. *a* Stempel 14,5 ⌀; *b* Spritzring 15,5 ⌀; *c* Gesenk.

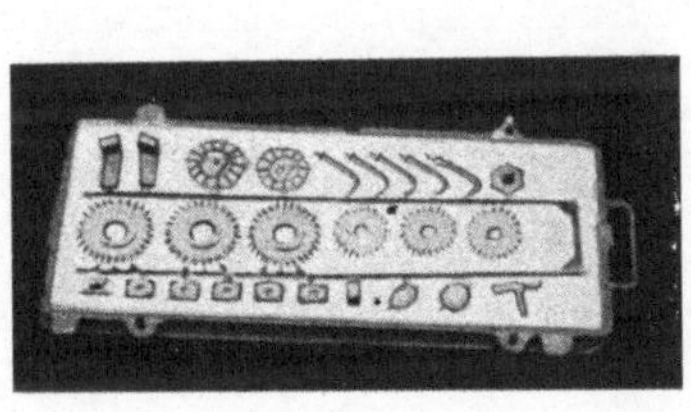

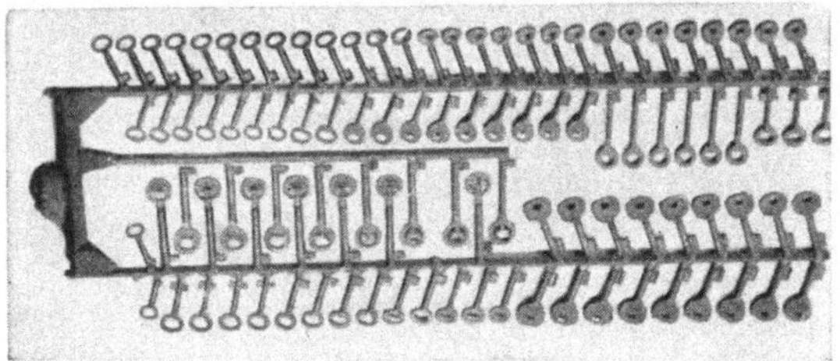

Bild 40a u. b. Richtige Modellplattenausnutzung in der Gießerei.

dicken Schlichte und Abtrocknung über Nacht oder mittels Heißwinderzeugers in ¼ Std. gießfertig. Das gleiche trifft für Kerne jeglicher Art zu, die nur kurze Zeit nach dem Schwärzen zu übertrocknen sind. Bei den Formen wird nicht nur der Transport zu den Trockenkammern und der lange Trockenprozeß überflüssig, sondern es wird auch eine Menge Material und Arbeitszeit durch den Wegfall des Steckens der Formerstifte gespart. Es wurden auch erfolgreiche Versuche gemacht, beim Formen den aufgelegten Zementsand bloß mit grobkörnigem Flußsand zu hintergießen, den Kasten mit Brettern abzudecken, zu wenden usw., um das Hinterstampfen zu ersparen. Schwierigkeiten bietet beim Arbeiten mit Zement immer die Trennung von Zement- und Altsand. Auch muß der Zementsand für die Wiederverwendung neu aufbereitet werden.

In der *Kernmacherei* geht man bei der Handherstellung zu mehreren Kernformen nebeneinander, bei Anfall von vielen Rundkernen zur Kernausstoßmaschine bzw. bei Großserien

Bild 41. Zwillings-Formmaschine, mit einem Druckluft-Steuerungshebel zu bedienen, so daß Ober- und Unterkasten gleichzeitig gestampft, gepreßt und abgehoben werden.

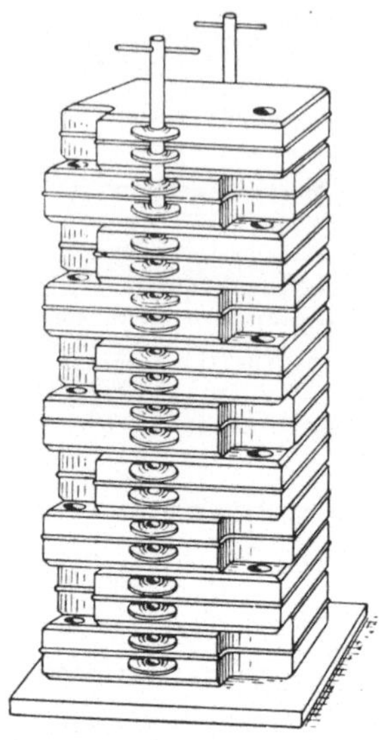

Bild 42. Stapelgußverfahren. Ober- und Unterkasten werden in einem Kasten geformt und mit wechselseitigen Eingüssen zusammengesetzt.

von Formkernen zur Kernblas- bzw. Schießmaschine. Auch Preßrüttler haben in der Kernmacherei Eingang gefunden. Das umständliche Kerntrocknen wird beim Kohlensäure-Erstarrungsverfahren [*30*], bei dem durch geeignete Duschen oder Sonden Kohlensäure aus Flaschen in den Kern aus Silbersand mit etwa 4–6% wasserglashaltigem Binder eingeblasen wird, umgangen. Der Kern erstarrt in 1 bis 2 Minuten. Im übrigen werden Kernschießmaschinen direkt mit einem Zusatzgerät geliefert, die eine Kernherstellung mit geringstem Kohlensäureverbrauch ermöglichen.

In der *Gußputzerei* geht der Weg zur Einsparung von Hauptzeit über Formkastenausschlag- (Rüttel-)Roste zum Putzen mit dem Preßluftmeißel, bei Großguß zum Naßputzen mittels Druckwasserstrahles von z. B. 50 atü Druck bei etwa 30 m³/Std. Wasserverbrauch. Die Naßputzzeiten verhalten sich dabei je nach Art und Größe der Gußstücke etwa wie 1:8 bis 1:12, wobei der Kernsand und das Wasser in Klärbecken wiedergewonnen werden.

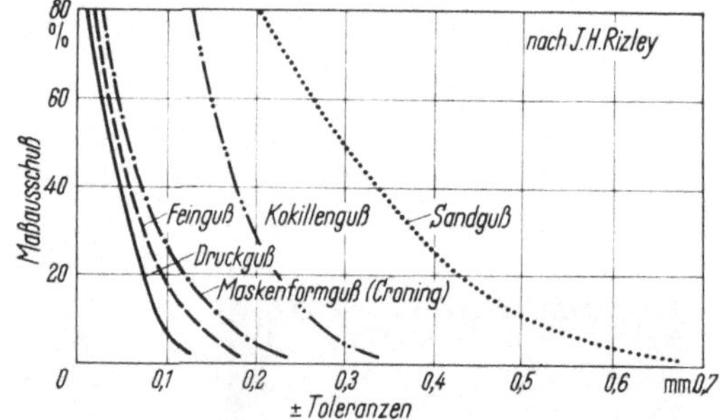

Bild 43. Das Diagramm von J. H. RIZLEY zeigt die Gußstücktoleranzen bei verschiedenen Gießverfahren für Maße bis 25 mm, die nicht von der Formteilung durchschnitten werden.

Die Bemühungen, Gußteile möglichst genau fertigzugießen (vgl. Bild 43 Gußstücktoleranzen bei verschiedenen Gießverfahren), brachten CRONING [*31*] darauf, *Formmasken* durch Aufschütten, Aufblasen oder Aufkippen des Formstoffes (schüttfähiger, aushärtbarer Quarzsand-Kunstharzgemische) auf die warme Guß- oder Stahlmodellplatte bei etwa 6 sek Anbackzeit herzustellen, im Ofen bei 320 °C 1 min zu härten und dann von der Platte zu lösen. In der Massenfertigung müssen daher mehrere Modellplatten verfügbar sein. Halb- und vollautomatische Maschinen können z. B. alle 40 sek eine Maske liefern. Das Hinterfüllen bzw. Abstützen der zusammengeklebten verklammerten oder verbolzten Masken erfolgt durch Stahlkies oder groben Quarzsand. Bei mittelgroßen Gußstücken beträgt die Toleranz etwa 0,2 mm, Maschinen werden heute bis zu einer Maskengröße von 1500×600 mm gebaut.

Von den Feingießverfahren ist das *Wachsausschmelzverfahren* [*32*] das älteste. Es eignet sich z. B. zum Vergießen von Stahlfeinstguß auch für schwierigste Formen. Dabei wird in einer Kokille ein genaues Wachsmodell gespritzt oder gegossen, durch Tauchen mit einem Kieselsäureüberzug versehen und dann in einen Blechkasten mit Schamotte, Sand und verschiedenen Chemikalien eingerüttelt. (Statt Wachs- sind auch Kunstschaumstoffmodelle für das Ausschmelzverfahren geeignet: *Vollformgießen* statt des bisherigen *Hohlformgießens*. Das Kunstschaumstoffmodell wird als „verlorenes Modell" in der Form belassen und verbrennt, vergast beim Eingießen des flüssigen Metalles ohne Rückstand). Durch Brennen bei 700 bis 1000 °C wird die Form ausgeschmolzen und ist nun gießfertig. Der flüssige Stahl wird mit 0,2 bis 0,6 at hineingedrückt. Man erreicht 0,05 mm Genauigkeit bei kleinen und bis 0,1 mm bei großen Stücken. Teile im Gewicht von 1 g bis 5 kg werden hergestellt.

Bei der Verfahrensänderung bringt eine neuzeitliche *Spritzgußmaschine* für kleine Massenteile neben Steigerung der Genauigkeit erhebliche Zeitersparnis gegenüber den bisherigen Form- und Gießverfahren. Mit Zinklegierungen können je nach Stückgewicht 400 bis 600 Stück je Stunde, mit Magnesiumlegierungen etwa 200 Stück hergestellt werden.

25. Herabsetzung der Nebenzeit. Hier liegt die Möglichkeit einer beachtlichen Leistungssteigerung, da die Auf- und Abspannzeiten für die Werkstücke, das Messen, Anstellen, Schalten, Nachstellen von Anschlägen usw. oft einen großen Prozentsatz der Grundzeit ausmachen.

Fernbetätigte Schalter machen bei Mehrmotorenbetrieb die Bedienung mühelos und ersparen Gehwege. Schwenkschalter mit Vereinigung mehrerer Kommandos in einem Hebel bringen ebenfalls eine Verringerung der Nebenzeiten.

Immer aber werden dabei noch vom Bedienungsmann Werkzeuge und Werkstücke in die gewünschte Stellung gebracht, verschiedene Maßstäbe abgelesen, mit dem Arbeitsergebnis verglichen und die Maschine gesteuert. Die Teilfunktionen in der Maschine selbst −Längs-, Quervorschub, Eilgang und evtl. Spannbewegung − werden dabei heute selten mechanisch ausgeführt (Stößel, Hebel, Steuerkurve; teuer und dem Verschleiß unterliegend), gelegentlich pneumatisch (Einfach-, Doppel-, Teleskopzylinder, Absperr-, Drosselventile; unempfindlich gegen kleine Undichtheiten), meist hydraulisch (Arbeitszylinder, Steuerschieber, Druckeinstellgeräte; sehr empfindlich gegen Undichtheiten, aber weich in der Bewegung). Bei der *Automatisierung* geht man von Handsteuerung für diese Teilfunktionen zur selbsttätigen Steuerung über (vgl. Abschn. 29d).

a) Steuerung des Arbeitsablaufes mittels Programm und Lochkarte [*33*]. Um die Unzulänglichkeit der Menschen und den Mangel an geeigneten Facharbeitern auszugleichen und die an den Maschinentakt gebundenen menschlichen Nebenarbeiten (Messen- und Einstellen) auch noch auf die Maschine zu übertragen, wurden teil- oder vollautomatisch gesteuerte Maschinen entwickelt. Geeignete Hilfsmittel hierzu bieten Bauelemente der elektrischen Nachrichtentechnik (Druckknopfschalter, Mehrstellenwahl-, End-, Schrittschalter und Zeitrelais) und der automatischen Datenverarbeitung (Lochkarte, Lochstreifen, Magnetband). Sie übernehmen die Signalgabe, Verarbeitung und Überwachung, stellen über Hubmagnete usw. pneumatische oder hydraulische Steuerorgane und lenken den Energiefluß zu den Antriebselementen. Man spricht dabei vom *Bestimmen*[1] der Werkzeuge und Werkstücke in der Werkzeugmaschine nach Programm, wobei man unter *elektrischer Programmsteuerung* das Aufstellen, Speichern, Weitergeben und Ausführen eines Arbeitsprogramms versteht. Da der Weg des Werkzeuges und Werkstückes in einzelne Schritte zerlegt wird, muß auch die Zeichnung anders bemaßt sein, wobei die Stellung des Werkstückes auf den Koordinatennullpunkt der Maschine festgelegt wird.

Im einzelnen erfolgt die Übertragung der benötigten Daten (Zahlenangaben, daher numerische Steuerung) auf die Werkzeugmaschine über als Informationsträger benützte Kreuzschienenverteiler, Schrittschaltwerke u. dgl., denen das Programm durch Stecken von Stöpseln (Kreuzschienenverteiler), durch im Büro geschriebene Lochkarten oder Lochstreifen oder über Magnetband mitgeteilt wird. Dabei sind Befehle notwendig, die Angaben über alle von der Maschine auszuführenden Kommandos (Schaltinformation) und zurückzulegenden Wege (Weginformation) enthalten müssen. Als *erste Stufe* werden nach Aufbringen der Aufspannvorrichtung und Einspannen des Werkstückes und Werkzeuges die vorgeschriebenen (notwendigen) Maschinenwege der Reihenfolge entsprechend abgefahren und jeweils am Ende der Bewegung auf der auswechselbaren Schiene Steuernocken gestellt. Die Berührung dieser Nocken

---

[1] „Bestimmen" ist die im Vorrichtungsbau allgemein gebräuchliche deutsche Bezeichnung für „Lage bestimmen und Festlegen" anstelle des häßlichen Wortes „Positionieren".

mit den Kontaktgebern (Umschaltpunkte) löst Impulse aus, die im Programmwerk das Abtasten der nächsten Lochreihe der Lochkarte veranlassen. Da die Lochkarte auf einer leitfähigen Trommel befestigt ist, geben nur jene Kontakte der Kontaktbrücke Signale weiter, die auf Löcher treffen, so daß die vorher festgelegten Teiloperationen der Maschine richtig ausgelöst werden. Bild 44 zeigt als *Zwischenstufe* eine Fräsmaschine, bei der alle Weg- und Schaltinformationen von Hand eingestellt werden. An entsprechenden Schaltergruppen können einmal nach „Abfahren" des ersten Werkstückes mittels Handsteuerung auf Grund von Leuchtziffern Tischwege als Bezugsmaße und Schaltkommandos als Codeziffern eingestellt werden. Oder es werden bei umfangreichen Programmen an Hand wiederholt verwendbarer Programmtabellen diese Einstellungen vorgenommen.

b) Programmsteuerung mittels **Lochstreifen** und **Magnetband** [*34*]. Bei der Lochstreifensteuerung befinden sich anstelle von Steuernocken an der Maschine Einrichtungen, die entweder die bewegten Teile elektrisch abtasten (analoge[1] Meßeinrichtung) oder die nach Zurücklegen eines bestimmten Weges (Schritt z. B. 0,01 mm) einen Impuls aussenden (digitale Wegregelung, wobei der Weg in Wegeinheiten von 0,01 mm angegeben wird). Die Steuerung enthält elektrische Bauteile zum Vergleich der vorgegebenen Sollwerte mit den Istwerten und löst bei Übereinstimmung den nächsten

Bild 44. Fräsmaschine mit Digitomatic-Steuerung, Tischwege werden als Bezugsmaße, Schaltkommandos als Codeziffern 0—9 von Hand über Dekadenschalter eingegeben. Oben: Schaltergruppe für einen Programmschnitt. Auch mit Lochstreifensteuerung lieferbar. (Bauart Wanderer-Werke, Haar bei München.)

Arbeitsgang aus. Die Informationen werden aus den 5 oder 8 Spur-Lochstreifen mit einem Lochstreifensender in die Steuerschaltung gegeben, die Lochstreifen selbst mit einer Schreibmaschine mit angeschlossenem Lochstreifengerät hergestellt. Als Schaltinformationen (Vorschubrichtung, -geschwindigkeit, Drehzahlen, Kühlmittelzufuhr, Werkzeugwechsel usw.) dienen Buchstabengruppen, als Weginformationen Ziffern (Maßangaben).

Die Steuerung von Fertigungs- und Überwachungsvorgängen mittels Magnetbändern wird vorerst wegen des erheblichen technischen Aufwandes nur bei Vorgängen mit höchsten Ansprüchen an Vielseitigkeit und Genauigkeit verwendet.

c) Steuern und Regeln in der **Verfahrenstechnik** [*35*]. Um chemische Vorgänge automatisch ablaufen zu lassen, braucht man geeignete Meßwerte (Temperatur, Druck, Leitfähigkeit, Gas-, Dampf-, Flüssigkeitsmenge, Gewicht usw.), da meist erst bei Erreichen eines bestimmten Zustandswertes (besonders im Chargenbetrieb) die nächste Verfahrensstufe ausgelöst wird. Im einfachsten Fall genügt ein halbautomatischer Handprogrammschalter (Mehrstufenschalter) für die nach Programm einstellbare Betätigung von 25 und mehr Ventilen oder anderen Stellgliedern. Die automatische Programmsteuerung muß aber nicht nur durch Stellglieder die einzelnen Funktionen einleiten und unterbrechen, sondern zusätzlich die notwendigen Regelgeräte in Betrieb setzen, die den Prozeß bei den vorgeschriebenen Betriebsdaten führen. So sind dann z. B. Mengen-Voreinstellzähler erforderlich, um die einzelne Flüssigkeit zuverlässig und genau abzumessen, Regelgeräte, um die Temperatur einzuhalten und Steuergeräte, um das Einhalten der Reak-

---

[1] Die Bezeichnungen „Analog" und „Digital" kennzeichnen die beiden Verfahren, nach denen elektronische Rechenmaschinen gebaut werden. Dieselben Verfahren werden auch für elektronische Steuerungen verwendet.

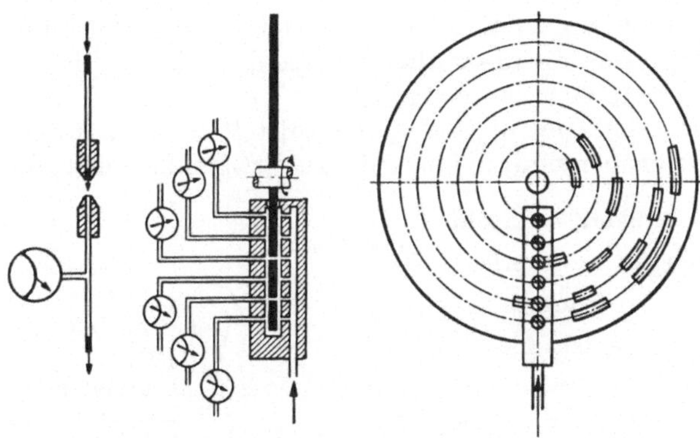

Bild 45. Pneumatische Programmsteuerung, wobei die Lochkarte den Luftstrom zwischen Strahl- und Empfangsdüse unterbricht. (Verstärkerrelais erhalten den Druck nach gelochtem Programm.) Lochschlitze entsprechen den Zeitabschnitten, in welchen die Stellglieder betätigt werden sollen (Bauart A.G. für Chemie-Apparatebau Männedorf-Zürich).

tionszeit zu gewährleisten. Darüber hinaus müssen Verriegelungen oder Rückmeldeorgane dafür sorgen, daß ein Ablauf erst freigegeben wird, wenn der vorangehende abgeschlossen ist.

Bei der Lochkartensteuerung, ausgehend vom mechanischen Abtasten der Webmuster durch Stahlstifte beim Jaquardstuhl, enthält die Lochkarte alle Verarbeitungsdaten. Sie bestimmt Anzahl und Art der Prozesse, Gewichte und Reihenfolge der Mischung usw., ebenso die Weiterbeförderung des Gutes. Die explosionsgeschützte pneumatische Programmsteuerung in der

chemischen Industrie arbeitet mit Strahldüsen (Bild 45) für Druckluft, wobei im freien Raum zwischen Strahldüsen und Empfangsdüse die Lochkarte bewegt wird.

d) Vorrichtungen als eine im betrieblichen Sprachgebrauch eingebürgerte Bezeichnung für Fertigungs-, Meß-, Prüf- oder Fördermittel [36] verschiedenster Art, dazu bestimmt, im Zusammenwirken mit Maschine und Werkzeug die wirtschaftlichste Ausnutzung der vorhandenen Einrichtungen zu erreichen, verringern die Nebenzeit und den Arbeitsaufwand je Werkstück. Sie sichern außerdem größtmögliche Gleichmäßigkeit der Herstellungsgüte. Vorrichtungen sind aber auch in der Einzelfertigung oft technisch bedingt, um die Fertigung eines Werkstückes mit der von der Konstruktion verlangten Genauigkeit überhaupt zu ermöglichen.

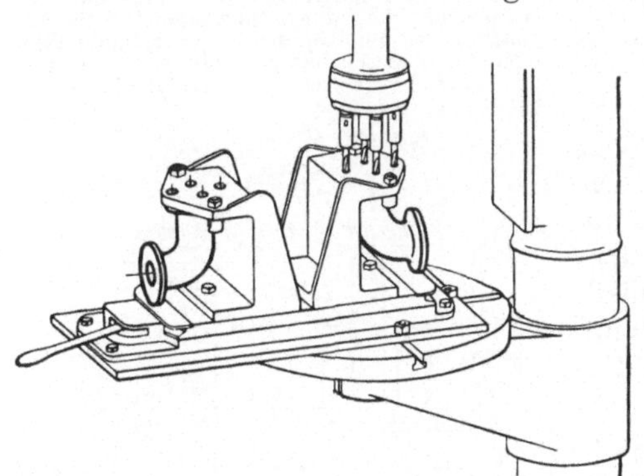

Bild 46. Schwenktisch mit zwei Aufspannvorrichtungen an einer Bohrmaschine.

Da die Spannzeiten meist einen erheblichen Teil der Gesamtfertigungszeit ausmachen, geht man vom einfachen Schraubstock über die Spannzange zu selbstzentrierenden, mit Preßluft oder elektrisch betätigten Schnellspannern der verschiedensten Ausführung. Dabei setzen sich für die Erzeugung kraftbetätigter Längsbewegungen hydraulische und pneumatische Kolbentriebe immer mehr durch. Der hydraulische Antriebszylinder wird meist für große Kräfte bei begrenzten Raumverhältnissen angewandt. Der pneumatische ist für geringere Kräfte bei schnellem Vor- und Rücklauf in durch Festanschläge bestimmte Endlagen geeignet und bietet sehr einfache, wenn auch weniger genaue Vorschubregelung. Elektromagnetische Aufspanngeräte werden für Teile mit ebenen Flächen besonders günstig eingesetzt.

Um den Maschinenstillstand beim Auswechseln der Werkstücke zu sparen, kann man bei Bohrmaschinen und Fräsmaschinen einen Schwenktisch (Bild 46) mit einer zweiten Aufspannvorrichtung anbringen, so daß die Maschine nur beim Schwenken des Tisches leersteht. Dadurch wird die Spannzeit des einen Werkstückes in die Hauptzeit des anderen gelegt.

Da der Einsatz von Vorrichtungen oft durch die schnellere Folge des Spannens, Werkstückanhebens usw. eine erhöhte körperliche Anstrengung bringt, müssen die vom Arbeiter aufzuwendenden Kräfte [37] möglichst verkleinert werden (Bild 47). Endziel bei größeren Stückzahlen ist die Automatisierung der Vorgänge (Werkstückhandhabungen). Welche Teilaufgaben dabei gelöst werden müssen, läßt nachstehendes Schema erkennen. Es soll zugleich zeigen, wie bei einer verketteten Fertigung die folgende Arbeitsstelle sich an die vorhergehende anschließt. Bild 48 deutet die Vielseitigkeit der dabei entstehenden Aufgaben an.

Der durch die Vorrichtung erzielte Gewinn soll klar ermittelt werden, wobei die Einsparungen allgemein um so größer sind, je höher die zu fertigende Stückzahl

bunkern – stapeln
einzeln entnehmen
ordnen (lageprüfen)
eingeben
bestimmen, spannen,
bearbeiten I

bunkern – stapeln
ablegen – auswerfen
ausgeben
entspannen

Verkettung

eingeben
bestimmen
spannen
bearbeiten II

Art und Richtung der Arbeitsbewegung		stehend oder sitzend	Im Betrieb ermittelt: geeignete Kraft kg	gültig für Arbeitshub mm
	Handbetätigung Druck des Daumens gegen die übrigen Finger	stehend und sitzend	11	20···30
	Armbetätigung Zug mit 1 Arm waagerecht in Blickrichtung	sitzend	24	300
	Armbetätigung Druck mit 1 Arm senkrecht nach unten	stehend	18	200
	Beinbetätigung Druck mit 1 Bein senkrecht nach	stehend	25	100
	unten	sitzend	13	80

Bild 47. Durch Betriebsuntersuchungen festgestellte, geeignete Betätigungskräfte bei einer Häufigkeit von 6 Arbeitsabläufen je Minute.

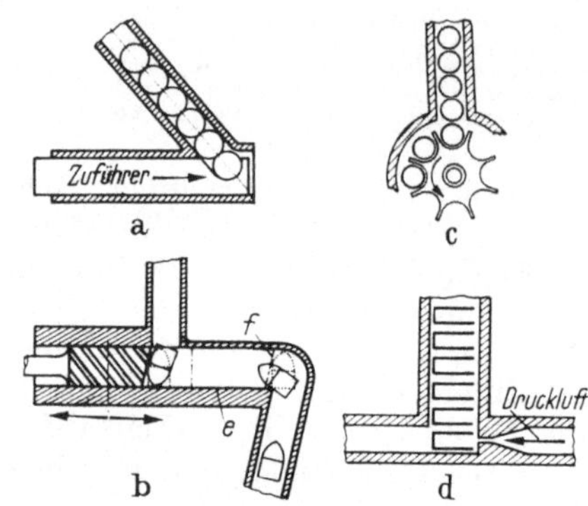

Bild 48a—d. Zuführungseinrichtungen. a) u. b) Für vorgearbeitete Teile mit hin- und hergehender Bewegung, wobei besonders die Verbindung mit dem Gleichrichten verjüngter Teile sichtbar wird; c) zeigt eine Lösung für mechanisches Vereinzeln, d) durch Druckluft.

oder je höher die Einsparung an Neben- oder gar Maschinenzeiten ist (Bilder 49 u. 50). Die Wirtschaftlichkeit einer Vorrichtung ist dann gegeben, wenn die Kosten des mittels Vorrichtung hergestellten Arbeitsstückes einschließlich der Kosten der Vorrichtung geringer sind als die Kosten des ohne Vorrichtung gefertigten Werkstückes.

Beispiel: Bei der Verwendung eines Mehrfachschnittes sinkt die Zeit für das Ausschneiden von Werkstücken in einer Stanzerei von 1 sek auf $^1/_2$ sek je Stück. Der Stundenlohn beträgt 3,50 M, der Gemeinkostenzuschlag 300% des Lohnes. Wieviel darf der Doppelschnitt mehr kosten als die Einfachvorrichtung, wenn das darin angelegte Geld mit 5% verzinst und mit 15% getilgt werden muß? Die jährliche Stückzahl beträgt 500000 Stück entsprechend einer Gesamtarbeitsdauer von $\dfrac{500000}{3600} = 140$ Std. bei Verwendung einer Einfachvorrichtung oder 70 Stdn. mit Doppelvorrichtung.

Die Lohnersparnis mit Doppelvorrichtung beträgt $70 \cdot 3{,}50 \, (1 + 300/100) = 980$ M. Diesem Betrag dürfen die Mehrkosten der Doppelvorrichtung einschl. Verzinsung und Abschrei-

Bild 49. Lohnkosten für Werkzeug und Teil bei einfachen und Verbundwerkzeugen [36].

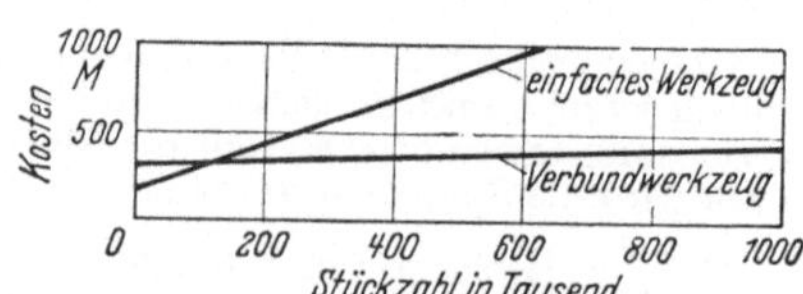

Bild 50. Kosten der Feder Abb. 51.

bung gleich sein. Mit dem Zinssatz von 5% und dem Tilgungssatz von 15%, zusammen 20%, erhält man: K (1 + 20/100) = 980 oder K = 980/1,2 = ~ 816 M [*38*].

Werden durch die Vorrichtung unter Umständen auch *Materialkosten* gespart, so sind diese gesondert ebenfalls zu berücksichtigen. Da aber die zu fertigenden Stückzahlen nicht immer beeinflußbar sind, müssen vor allem die Vorrichtungskosten selbst durch weitgehende Normung der Vorrichtungsteile gesenkt werden. Aufnahme-, Spann- und Werkstückführungselemente gehören hierher. Bei kleineren Unternehmungen mit vielverzweigtem Erzeugungsprogramm ist auch auf vielseitige Verwendungsmöglichkeit der vorhandenen Vorrichtungen zu achten (Bild 51). Gute Vorrichtungen gestatten vielfach, statt hochwertiger Maschinen einfachere zu benutzen, gewährleisten durch die zweckmäßige Aufspannung der Werkstücke volle Ausnutzung der Maschinenleistung, verkürzen auch die Maschinenzeit und vermindern durch höhere Genauigkeit und Gleichmäßigkeit der Werkstücke Nacharbeiten.

Wesentlich bleibt noch, daß der Planer nicht nur größere Vorrichtungen vorplant und rechtzeitig an die Vorrichtungskonstruktion weitergibt, sondern es müssen auch bisher nicht vorhandene handelsübliche Werkzeuge aller Art eingeplant werden.

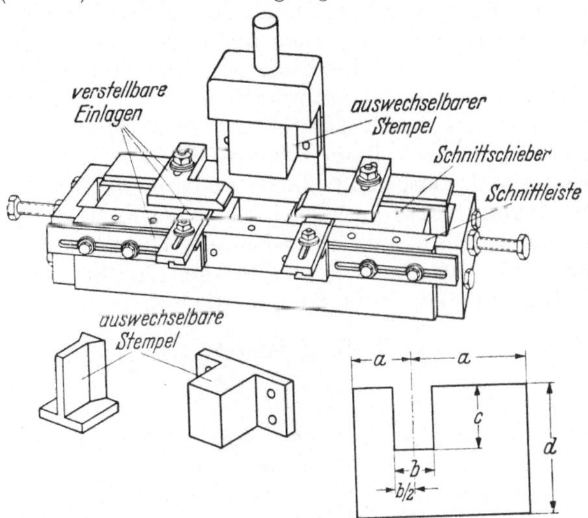

Bild 51. Vielseitig verwendbare Vorrichtung als Ausklinker für verschieden große Ausschnitte

	von	bis		von	bis
a	—	135	c	60	100
b	55	100	d	—	beliebig

26. Arbeitsgestaltung. Alle Bemühungen, die Produktion zu steigern, die Qualität zu verbessern und Ausschuß zu bekämpfen, entsprechen dem Wunsche, eine Arbeit einfacher, schneller, billiger, aber auch besser auszuführen. Sofern es sich um die Entwicklung bzw. Anwendung von Produktionsmethoden und Produktionsmittel handelt, spricht man von produktionstechnischer Arbeitsgestaltung. Diese muß aber keinesfalls mit einer Belastungsminderung bei den Arbeitskräften einhergehen. Im Rahmen einer echten Arbeitsgestaltung gewinnt daher auch eine Angleichung der Arbeitsanforderungen an die menschliche Leistungsfähigkeit, sei es bezüglich Arbeitsplatz, Arbeitsmittel oder Arbeitsumgebung, erhöhte Bedeutung. Ihres Umfanges und ihrer Wichtigkeit wegen sollen diese Fragen ausführlich in einem besonderen Abschnitt der zukünftigen Auflage des Werkstattbuches, Heft 100 „Arbeitsvorbereitung II" behandelt werden.

D. Fertigungsarten

Die Entscheidung, nach welcher Fertigungsart zwischen den beiden Extremen — handwerkliche Arbeit und aufs äußerste spezialisierte Massenfertigung mit Automatisierung — in einem Unternehmen am zweckmäßigsten gearbeitet werden soll, hängt von den Erzeugnissen, den Stückzahlen, den vorhandenen oder zu beschaffenden Einrichtungen, den Personalverhältnissen und der Kapitallage ab.

27. Einzelfertigung. In kleinen Betrieben mit Einzelfertigung wird man die Vorteile einer besseren Übersicht über den Werkzeugmaschinenpark, einer ökonomischeren Raumverteilung, einer Aufgliederung der Werkzeuglager und besseren Meistererfahrungsauswertung durch abteilungsweise gleichartige Zusammenfassung von Maschinen und Einrichtungen auszuwerten suchen (*Werkstätten-fertigung, Verrichtungsprinzip*). Aber auch um wertvolle Anlagen, die für ein Einzelerzeugnis nicht voll ausgenutzt sind, für eine Vielzahl von Erzeugnissen einzusetzen oder um Arbeitsvorgänge räumlich abzusondern, die durch Hitze, Gase, Lärm, Erschütterung usw. andere Arbeiten stören, ist die Werkstättenfertigung angezeigt.

28. Serienfertigung. Die für ein Los oder einen Auftrag erforderliche Stückzahl bzw. Menge wird an einem Arbeitsplatz oder an einer Maschine ohne Unterbrechung durch Einrichtearbeiten gefertigt. Bei der Kleinreihenfertigung mit stark wechselndem Programm wird man die Maschinen nach dem Arbeitsablauf bei den schwersten und am meisten vorkommenden Werkstücken aufstellen, um Transportkosten zu sparen (*Flußprinzip*). Den Rest der Maschinen wird man unter Umständen nach Arten abteilungs- bzw. gruppenweise zusammenfassen, z. B. Pressen, Schweißmaschinen, Galvanisierung usw. Aber auch Aufstellung der Maschinen bei den Werkstücken mit längster Bearbeitungszeit kann zweckmäßig sein. Versetzbare Maschinen, die heute in diesem und morgen in einem anderen Fertigungsablauf arbeiten, gewinnen an Bedeutung. Selbst aus Gewichts- oder Fundamentgründen nicht versetzbare Pressen können mittels Förder-Rinnen, Rutschen usw. wechselweise hinter- oder nebeneinander arbeiten. Hier gibt der Durchlaufplan für die einzelnen Teile in Abstimmung mit der Größe der jeweiligen Serie und der Häufigkeit der Wiederkehr den besten Anhalt.

Für eine *Gesenkschmiede* z. B., in der die Arbeitsgänge grundsätzlich aus
1. Trennen der Werkstoffe, 2. Anwärmen zum Schmieden, 3. Gesenkschmieden und Entgraten, 4. Wärmebehandlung, 5. Beizen und Sandstrahlen bzw. Prüfen und Versenden
bestehen, läßt sich leicht durch zweckentsprechende Anordnung der Maschinen in Straßenform ein zwar nicht zeitlich abgestimmter, aber Transportkosten sparender Arbeitsfluß durchführen.

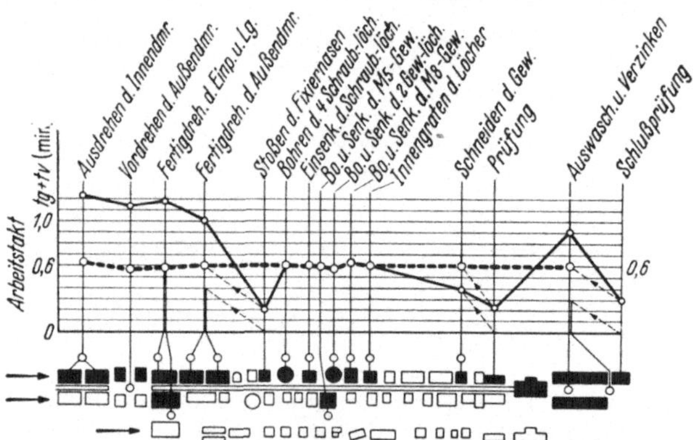

Bild 52. Aufstellung von Maschinen zur Herstellung eines Erzeugnisses in 40 Abarten. Die schwarz hervorgehobenen Maschinen sind für einen Typ erforderlich. Die Punkte des voll ausgezogenen Linienzuges geben die vorgegebenen Zeiten an. Die punktierte Linie würde einem stetigen Arbeitsfluß entsprechen (nach KLÖBLEN: Geordnetes Förderwesen Fertigungstechnik 1944).

a) Linienfertigung, lose Fertigungskette. Bei der Groß-Reihenfertigung bedingen die am Werkstück nacheinander vorzunehmenden Arbeitsgänge Art und möglichst auch Reihenfolge der Maschinen, die bereits in gewisser Beziehung für den Sonderzweck eingerichtet werden. So wird es möglich, das Werkstück in rascher Folge von Bearbeitung zu Bearbeitung durchlaufen zu lassen, also von der Werkstätten- zur fließenden Fertigung zu kommen (Bild 52), wobei manche Werkstücke einzelne Maschinen- oder Handarbeitsplätze überspringen. Diese Fertigungsart kann auch in Betrieben mit stark wechselndem Programm erreicht werden, indem Werkstücke

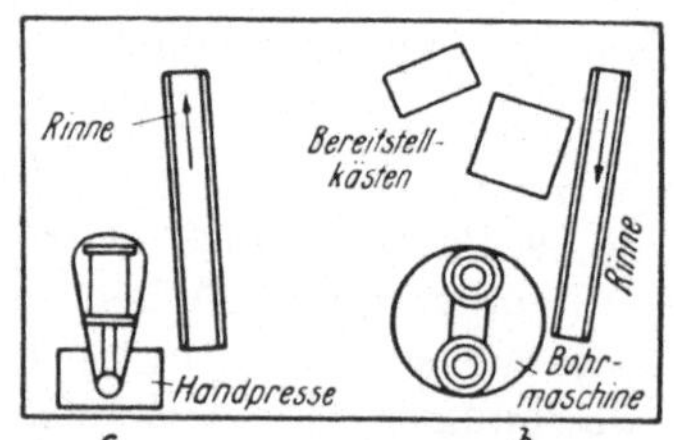

Bild 53. Reihenfertigung mit einfachsten Rutschen fließend gestaltet. *a* Einlegen; *b* Bohren; *c* Vernieten; *d* Prüfen, Verpacken.

gleicher Form und Bearbeitungsfolge zusammengefaßt und innerhalb einer Fertigungsstraße gefertigt werden, z. B. Wellen, Bolzen, Flanschen, Büchsen, Deckel, gehäuseähnliche Teile usw. (vgl. Bild 23). Auch genügt es oft, wenn gewisse

Bearbeitungsbilder, z. B. Bohrbilder, übereinstimmen, wie z. B. Gußgehäuse für Zahnräder.

Um an *Transportarbeiten* zu sparen (vgl. Bild 77), wird man versuchen, mit einfachen Rinnen oder Rutschen (Bild 53) einen Arbeitsfluß zu erreichen. Sind die Stückzahlen genügend groß, so wird es auch bereits wirtschaftlich sein, die Werkstückhandhabung zu automatisieren, um Bedienungskräfte zu sparen. An Stelle einer starren Verkettung, die bei Ausfall einer einzigen Maschine Verlustzeiten an der ganzen Straße verursacht, ist die lose Verkettung mit zwischengeschalteten Werkstückspeichern zweckmäßig. Der Weg geht hier von der selbsttätigen Zuführung der gebunkerten oder gestapelten Teile (Magazin) zur Verkettung mehrerer Maschinenarbeitsplätze, sofern die einzelnen Vorgänge auf die gleiche Taktzeit gebracht werden können.

Förderbänder oder halbautomatische Tischkreisförderer sind hier anwendbar, auch bei nicht ausgetakteten Arbeitsvorgängen. Vorteil der Linienfertigung gegenüber der Werkstättenfertigung ist ihre Übersichtlichkeit, leichteres Anlernen der Arbeitskräfte, einfache Terminverfolgung und Vermeidung des Papierkrieges (Zählkontrolle, Registrierarbeit und Transport von einer Werkstätte in die andere).

Tabelle 14. *Unterteilung der Zusammenarbeit einer Drehmaschine im 4 Stdn-Arbeitstakt*

Arbeits-gang	Hauptgruppe	Zeit der Hauptgruppen Stdn	Untergruppen	
			Zeit Stdn	Anzahl Personen
1			4	
2			4	
3	Spindelstock	20	4	5
4			4	
5			4	
6			4	
7	Support	14	4	3,5
			4	
8			2	
9			2	
10	Drehbankbett	10	4	2,5
11			4	
12	Reitstock	4	4	1,0
13			4	
14	Elektrische	14	4	3,5
15	Ausrüstung		4	
			2	
16	Gesamt-		2	
17	Zusammenbau	10	4	2,5
18			4	
		72	72	18

b) Gruppen- und Endzusammenbau. Im Zusammenbau bei der Reihenfertigung, wo bereits ähnliche Voraussetzungen für den Aufbau der Erzeugnisse gelten, wie bei Geräten, die in Fließarbeit herzustellen sind, werden die Einzelteile einer Baugruppe je Auftrag in Gestellen gesammelt und bereitgestellt. Der Zusammenbau einzelner Gruppen, wie auch der Endzusammenbau erfolgt von einer besonderen Schlossergruppe, wobei angestrebt wird, daß ein Mann immer die gleichen Arbeiten ausführt. Das Erzeugnis entsteht dabei stufenweise: Die Arbeitsgruppe beginnt am ersten Arbeitsplatz, verrichtet ihre Arbeit und wandert mit ihren Werkzeugen zum nächsten Arbeitsplatz. Eine grobe Abstimmung der Arbeiten bzw. der Schlossergruppe ist notwendig, weil eine etwa zu groß bemessene Gruppe sonst warten müßte, bis die ihr vorausgehende Gruppe mit ihrer Arbeit fertig ist. Tab. 14 ist ein Beispiel für die Unterteilung der Zusammenbauarbeit an einer Drehmaschine.

Für kleine und dem Gewicht nach nicht aus dem Rahmen fallende Teile bietet der halbautomatische *Tischkreisförderer* zur losen Verkettung von Arbeitsplätzen wirtschaftliche Vorteile. So zeigt Bild 54 eine Anlage für die Schuhoberteilfertigung, bei der die Arbeit in Losen zu 20 Stück vom Verteilerplatz (im Bild vor dem Überwachungspult) in Kästen auf die mit Wähleinrichtungen (Druckknopfschalter) versehenen Förderschalen gesetzt wird. Je nachdem, welche Arbeitsplatztaste gedrückt (angewählt) wird, fördert der Kreisförderer den Kasten zu diesem Platz und wirft ihn dort ab. Zieht die betreffende Arbeitskraft den Kasten von der mit Kontaktleisten versehenen Abstellbahn und erledigt die Arbeit laut Arbeitskarte, leuchtet am Überwachungspult die entsprechende Platzlampe auf und meldet den Platz frei und aufnahmebereit für neue Arbeit. Nach Arbeitserledigung leitet die Arbeiterin selbst den Förderkasten zur nächsten Arbeitsstelle, indem sie die zugehörige Taste des Schalters drückt. Über die Konstrollstation A 1 kehrt alle Arbeit wieder zum Verteiler zurück.

Bild 54. Tischkreisförderer für 42 Arbeitsplätze einer mit 38 Frauen besetzten Schuhfabriksabteilung. Jeder auf die Transportschalen gesetzte Förderkasten kann vom Disponentenplatz aus auf jeden Arbeitsplatz angesteuert und abgerufen werden. Desgleichen kann jeder Arbeiter für die erledigte Arbeit über Drucktasten (im Bild zwischen den Transportschalen sichtbar) jeden beliebigen anderen Arbeitsplatz am Band auswählen. Sind Abwurf und Reserveplatz an einem Arbeitsplatz belegt, bleibt der Abwurf gesperrt und der Förderkasten wandert bis zum Freiwerden auf dem Varion-Kreisförderer. Für umfangreiche Arbeitsoperationen (A 5 und D 4) sind mehrere Arbeitsplätze vorhanden. Mit Hilfe von 45% Winkelstationen können diese Anlagen in U- und S- oder Teilformen aufgestellt werden (Bauart G. M. Pfaff A. G., Abt. Förderanlagen, Kaiserlautern).

29. Massenfertigung und Fließarbeit mit dem Ziel der größtmöglichen Leistung bei geringstem Menschen- und Kapitalaufwand setzt innerhalb eines längeren Zeitausschnittes die Erzeugung gleicher Arbeitsstücke (Massengüter) voraus, so daß eine weitgehende Mechanisierung des Arbeitsablaufes wirtschaftlich ist. Die große Stückzahl ist auch gleichzeitig Voraussetzung der *Fließarbeit* [39], d. h. einer örtlich fortschreitenden, zeitlich abgestimmten, lückenlosen Folge von Arbeitsvorgängen.

Für das Bearbeiten bestimmter Konstruktionsteile wie z. B. Zylinderblöcke für Verbrennungsmotoren, Getriebegehäuse usw. hat sich die starr verkettete *Transferstraße* durchgesetzt. Das sind vielfach Einzweckmaschinen, die sich in gewissem Maße für artähnliche Teile umrichten lassen — Aufbaueinheiten —. Ein spezieller Werkstückträger mit Spann- und Fördermöglichkeit dient der Verkettung. Um zu dieser hohen Stufe wirtschaftlicher Gütererzeugung zu gelangen, muß der Absatz der großen Stückzahl über die Vereinheitlichung der Konstruktion (Typisierung) und Vereinheitlichung der Bauteile (Normung) ermöglicht werden. Da eine fließende Fertigung aber auch einen zeitlich gleichbleibenden Anfall der gleichen Arbeitsstücke aus dem vorhergehenden Arbeitsgang bedingt, ist eine weitgehende Zerlegung (Aufgliederung) aller Arbeitsvorgänge notwendig, um sie unter Berücksichtigung der zeitlichen Abstimmung wieder neu zusammenzusetzen (abzustimmen, abzutakten). Diese Aufteilung ist in ihren Etappen von TAYLOR und FORD charakterisiert.

TAYLOR setzte an die Stelle des empirisch arbeitenden Arbeiters und Meisters den technischwissenschaftlich geschulten Ingenieur und schaltete alle unnützen und kraftraubenden Handgriffe durch zweckmäßigste Ausbildung von Werkzeugen, Hilfseinrichtungen und Maschinen aus. Er verkürzte damit den Einzelarbeitsvorgang. Bei hinreichend großer Stückzahl werden Sondermaschinen und Sonderwerkzeuge eingesetzt.

FORD verkürzte die Verlustzeit zwischen den einzelnen Arbeitsgängen durch fließenden Aufbau der Arbeitsfolgen. Fließarbeit ist also das Ergebnis einer wissenschaftlichen Durchdringung des Betriebes, wobei als auffälligster Vorteil die Produktionsbeschleunigung zutage tritt (Bilder 55 u. 56): Verkürzte Durchlaufzeit, geringere Förderkosten, weil die Arbeit von Arbeitsplatz zu Arbeitsplatz weiterfließt, geringerer Raumbedarf, weil die Vorratslager zwischen den einzelnen Arbeitsplätzen gespart werden (Bild 57), vereinfachte Lohn- und Betriebsabrechnung, da das Ergebnis der ganzen Straße, nicht aber die Einzelleistung erfaßt wird. Zweckmäßige Arbeitsaufgliederung bringt Arbeitskräfteinsparung, das Hineinziehen der Arbeitenden in den Rhythmus des Arbeitsflusses Leistungssteigerung, nicht zu vergessen auch Vereinfachung der Terminkontrolle, und durch die verkürzte Durchlaufzeit Kostenersparnis (Tab. 15). Demgegenüber steht die sorgfältige Planung der Arbeit, der Maschinenüberholung (regelmäßige Prüfung und Auswechslung dem Verschleiß unterworfener Teile), der Werkstoff- und Werkzeugbevorratung und das Ausfallen der ganzen Straße bei Störung auch nur an einer Stelle.

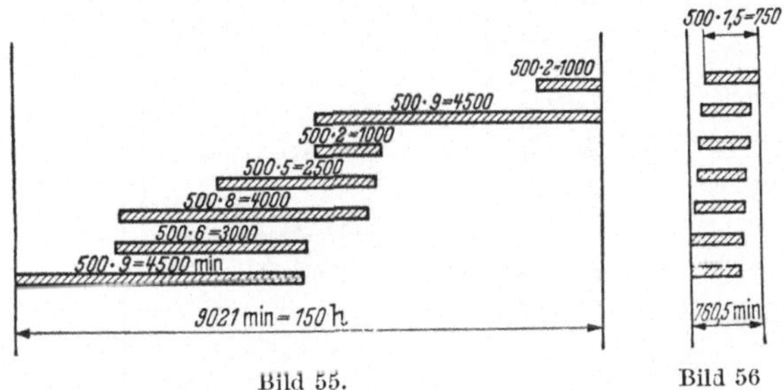

Bild 55.
Bild 56

Bilder 55 u. 56. Durchgangszeiten für 500 Zylinderköpfe bei Reihen- und Fließfertigung (nach Angaben der Firma Klöckner-Humboldt-Deutz).

Bild 55. Früher: Reihenfertigung mit gewöhnlichen Maschinen. Hierbei liegen stets rd. 1500 Werkstücke = 22500 kg in der Fertigung.

Bild 56. Jetzt: Fließfertigung mit automatischer Fertigungsstraße. In der Fertigung liegen nur 12 Werkstücke = 180 kg.

a) Arbeitstaktplanung. Vor allem muß die Stückzahl für die zu planende Fertigung geklärt sein. Es ist dann:

$$\text{Taktzeit in Min.} = \frac{\text{tägl. Arbeitszeit in Std.} \times 60}{\text{tägl. erforderliche Stückzahl}} \times \text{Zahl der parallelen Fließreihen.}$$

Sollen z. B. bei einer Zusammenbautaktstraße in 8 Std. reiner Arbeitszeit 32 Geräte gebaut werden, so ist die Taktzeit, in der je ein Gerät die Fließstraße fertig verlassen muß, 15 Minuten. Die einzelnen Arbeitsgänge sind nun so aufzuteilen, daß sie von einer oder mehreren Arbeitskräften an jedem Arbeitsplatz in 15 Minuten einschließlich Weitertransportzeit und etwa 15% Verlust — Ausfallzeit — erledigt werden können. Ist die gesamte Zusammenbauzeit 2 Std., so heißt das also, da 15 Minuten 8mal in 2 Std. enthalten sind, daß 8 Arbeitsplätze-Taktstellen geschaffen werden, also 8 Geräte innerhalb der Fließstraße in Fertigung stehen müssen. Die Abstimmung der möglichst an Musterfertigungen durch Zeitstudien ermittelte Arbeitszeiten auf die Taktzeit erfolgt zweckmäßig zeichnerisch nach Bild 58. Durch die Taktzeit wird zugleich die Monatsleistung festgelegt. In 200 Arbeitsstunden = 12000 Minuten im Monat können bei einer Taktzeit von 2,5 Minuten höchstens 12000/2,5 = 4800 Stück gefertigt werden, bei 1,1 Minuten höchstens 12000/1,1 = 10800 Stück. Rechnet man noch 5% ab für Maschinenausfälle und sonstige Störungen, so erhält man eine Monatsleistung bei 2,5 Minuten Taktzeit von rd. 4500 Stück und bei 1,1 Minute Taktzeit von rd. 10000 Stück. Soll die Stückzahl größer sein, so muß man entweder die Gesamtarbeitszeit verlängern, also Mehrschichtarbeit einführen oder mehrere Taktstraßen nebeneinander einrichten.

Tabelle 15. *Bearbeitungskosten für Zylinderköpfe (nach Angaben der Firma Klöckner-Humboldt-Deutz)*

	Mit gewöhnlichen Maschinen M/Stück	Mit automatischer Fertigungsstraße M/Stück
1. Lohn	0,85	0,10
2. Werkzeugkosten	0,60	0,30
3. Stromverbrauch	0,10	0,04
4. Abschreibung und Verzinsung des Anlagekapitals	0,54	0,20
5. Lohnabhängige Betriebskosten	0,85	0,10
Gesamte Stückkosten	2,94	0,74

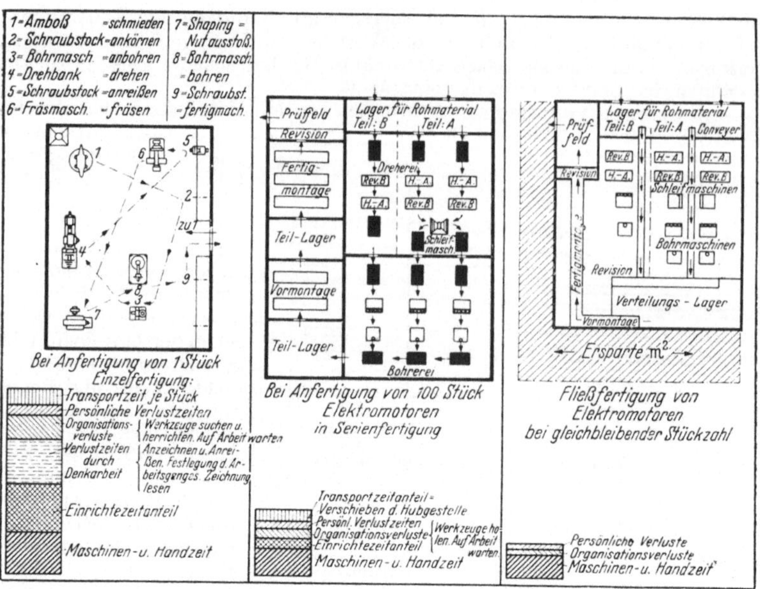

Bild 57. Raumvergleich bei Einzelfertigung, Reihenfertigung und Fließarbeit (nach KÖTTGEN: Fließarbeit. Beiheft zum Zentralblatt für Gewerbehygiene, 1928).

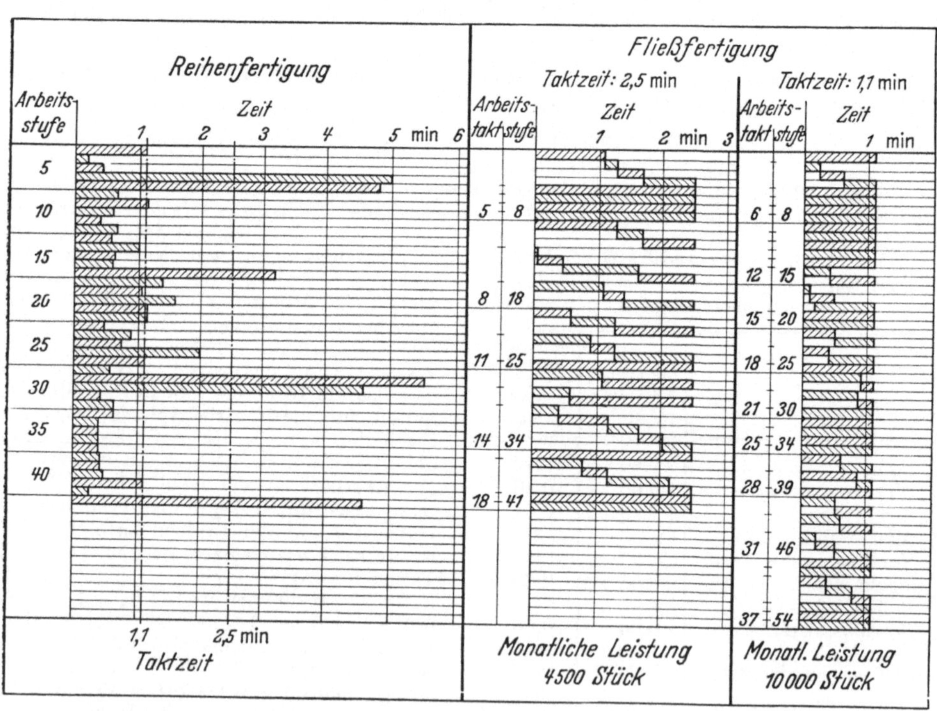

Bild 58. Zeichnerische Taktzeitabstimmung für die Herstellung eines Aluminiumgehäuses. Links: Zeitdauer der 41 Arbeitsstufen. Rechts: Zusammensetzung der Taktzeit aus Arbeitsstufen beim 2,5- und 1,1 min-Takt (aus DOLEZALEK, Fließstraßen. Technik u. Wirtschaft 1944, H. 3).

Allgemein wird die Zeitdauer der Arbeitstakte in der reinen Massenfertigung mit 1 bis 5 Minuten bemessen. Kürzere Vorgänge sind zu eintönig, längere benötigen lange Einübungszeit. Für 15—20 Arbeitsplätze ist überdies ein sogenannter Einspringer zu halten, um Störungen infolge Ausfalles eines Arbeiters vorzubeugen. Alle Arbeitszeit, die mehr als die gewählte Taktzeit beträgt, muß durch Mehrmaschineneinschaltung, Heranziehung arbeitsparender Vorrichtungen, Mehrmenscheneinsatz usw. auf die Taktzeit gebracht werden. Man wählt jedoch bei größeren Stückzahlen als Arbeitstakt nicht die kürzeste Arbeitsstufe, sondern lieber mehrere parallelgeschaltete Fließstraßen mit längerer Taktzeit. Die Zusammenfassung mehrerer Arbeitsstufen in einem Takt bringt allerdings

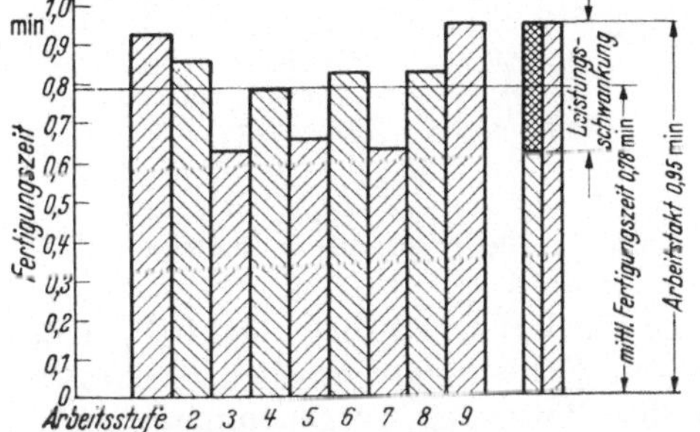

Bild 59. Fertigungszeiten vor Durchführung besonderer Arbeitsstudien und richtiger Abstimmung.

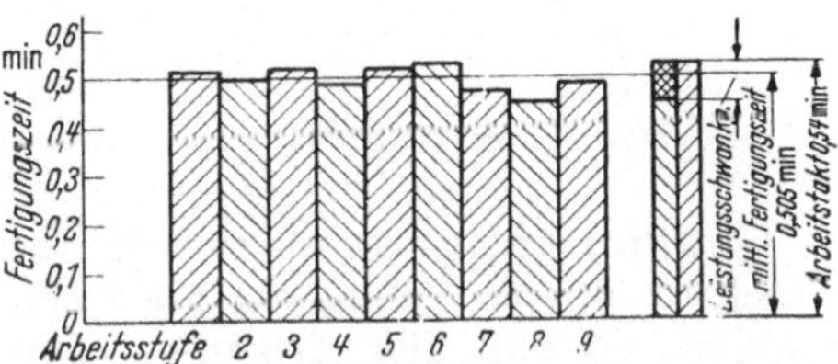

Bild 60. Fertigungszeiten nach Verbesserung der Arbeitsvorgänge.

zwangsläufig eine schlechtere Ausnutzung der Werkzeugmaschinen mit sich, die Arbeitsstufen erledigen, die wesentlich unter Taktzeit liegen. Der Arbeiter muß in diesen Fällen mehrere Vorgänge innerhalb der Taktzeit ausführen, sofern er dazu überhaupt in der Lage ist. Da aber die Einrichtung teuerer, nicht voll ausgenutzter Werkzeugmaschinen an mehreren Arbeitsplätzen die Wirtschaftlichkeit der ganzen Fließstraße in Frage stellen kann, muß man versuchen, die Arbeit an Arbeitsplätzen mit teueren Maschinen so zu gestalten, daß diese während der ganzen Taktzeit zu tun haben, z. B. durch Einsatz zweckmäßiger Vorrichtungen, oder man muß unter Umständen auch durch Umgestaltung des Werkstückes selbst die Spezialmaschinen unnötig machen. Um eine ungleichmäßige Beanspruchung der in der Fließreihe Tätigen zu vermeiden, darf der Unterschied der größten und kleinsten Taktzeit als Leistungsschwankung einen gewissen Betrag, z. B. 5%, nicht übersteigen (Bilder 59 u. 60).

Der Maschinenplan muß so aufgestellt werden, daß bei voller Ausnutzung in Doppelschichten die angestrebte Höchststückzahl erreicht wird. Ob aus Gründen der Vorsicht bei zukunftsreichen Erzeugnissen Reservemaschinen oder Platz für Erweiterungsmöglichkeiten vorgesehen wird, hängt von den jeweiligen Umständen ab. Meist besteht jedoch in der Parallelschaltung die Möglichkeit der Reservebeschaffung, wobei noch zu beachten ist, daß sich in stark auseinandergezogenen, viele Räume umfassenden Gebäuden nur schwer eine fließende Fertigung aufbauen läßt. Bewährt hat sich allgemein die zweigeschossige Bauweise. Das Obergeschoß wird für Produktionszwecke in Anspruch genommen, während im Untergeschoß Lagerräume, Garderoben usw. untergebracht werden (vgl. [39]).

Die durch Fehlarbeit und den dadurch bedingten Werkstück-Ausfall in der Fließreihe entstehenden Lücken müssen durch bereitgestellte Reservestücke aufgefüllt werden, gelegentlich sind auch sogenannte Korrekturstellen einzuschalten (Bild 61). Auch muß hier ein Zwischenlager zum Ausgleich für die durch die Schleife laufenden Stücke vorhanden sein. Allgemein führt die angestrebte Verkürzung der Förderwege zu einer Zusammendrängung des Maschinen- und Werkstattplanes.

Über die Zweckmäßigkeit der Anordnung der Arbeitsplätze an der Fließreihe entscheidet die Art des Erzeugnisses und die auszuführende Arbeit. Man unterscheidet das *Reihensystem* — Arbeitsplätze an der Längsseite des Bandes, so daß sich die Arbeiter gegenübersitzen —, und das *Schulsystem* — die Arbeitsplätze sind an der Längsseite des Bandes angeordnet, so daß alle Arbeiter in einer Richtung sehen. Während die einen das Band an der linken Seite haben, befindet es sich bei den anderen zur rechten Hand. — Beim *Gegensystem* befinden sich die Arbeitsplätze an der Schmalseite des Bandes, aber je nach der Bandseite in verschiedenen Blickrichtungen.

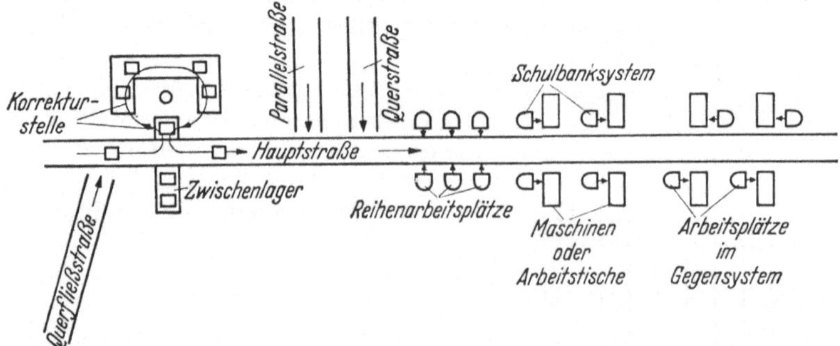

Bild 61. Korrekturstelle in einer Fließarbeitsreihe. Benennung der Straßen und Arbeitsplätze.

b) Bandfertigung als reinste Form der Fließarbeit ist diejenige, bei der das Arbeitsstück vom Anfang der Fließreihe bis zum Ende ununterbrochen gleichmäßig wandert, so daß alle Arbeiten während der Bewegung vorgenommen werden (Bilder 62 u. 63). Dieses Verfahren ist für sehr genaue und auch sehr große Teile nicht durchführbar. Die Durchgangszeit für den einzelnen Gegenstand vom Anfang zum Ende der Reihe hängt unmittelbar von der Länge der Fließstrecke und von der Geschwindigkeit des Fördermittels ab. Als Arbeitstakt bezeichnet man die Zeit zwischen der Fertigstellung eines Gegenstandes und der des nächsten. Hieraus ergibt sich die Regelleistung der Straße. Ist sie zu klein, müssen Parallelbänder eingerichtet werden. Stufenlos verstellbarer Antrieb des laufenden Bandes ermöglicht es, der Ermüdung der Arbeiter Rechnung zu tragen, indem die Geschwindigkeit meist bis mittags ge-

Bild 62. Scheinwerferfließband. Vorn Prüf- und Verpackungsstelle, im Hintergrund die am Band arbeitenden Pressen. Rechts große Wagenscheinwerfer, links kleine Kradscheinwerfer (Bosch, Stuttgart).

steigert und nach der Pause bis Arbeitsschluß wieder etwas verringert wird. Zudem wird alle 2 Stunden etwa die Arbeit unterbrochen und eine Erholungspause von rd. 10 Minuten eingelegt [*40*]. (Siehe: Arbeitsgestaltung in Heft 100, 4. Aufl.).

Während im obigen Falle eine sehr weitgehende Abstimmung der Arbeiten möglich ist, läßt die Eigenart des *Gießereibetriebes*, obwohl auch hier Massenteile hergestellt werden, nur in seltenen Fällen eine örtlich fortschreitende, zeitlich bestimmte lückenlose Folge aller Arbeitsgänge zu.

Man ist hier gezwungen, nach Unterteilung der Arbeiten in Formen, Kernmachen, Zustellen der Kästen, Abgießen, Entleeren und Putzen *einzelne* Arbeitsgänge so abzustimmen, daß eine Arbeit am Bande möglich wird. Das Band ist dann allerdings nur Hilfsmittel zum Fördern und gewährleistet nicht mehr eine bestimmte stündliche Stückzahl. Bild 64 zeigt einen waagerecht umlaufenden Bandförderer im Bild, während Bild 65 die weniger Raum beanspruchende Anordnung eines Fließbandes mit senkrechtem Umlauf, Bild 66 mit waagerecht bleibenden Platten darstellt.

Werden verschiedene Formkästen mit verschiedenen Formzeiten verarbeitet, so wird zwischen Zentralband und Formmaschinen je eine kleine Rollenbahn zum Zusammensetzen der Formen und zum Abstellen aufs Zentralband, wenn dort gerade ein Platz frei ist, zwischengeschaltet. Fallen in einer Gießerei Gußstücke an, die verschiedene Eisensorten benötigen,

Bild 63. Kreisförderer zum Bondern (entfetten, bondern) und Tauchen (grundlackieren im Tauchbecken) von Radscheiben und Felgen in einer Lastwagenfabrik. Über eine Abtropfstrecke gelangt das Gut in einen Infrarot-Trockenofen und eine Kühlstrecke zu den Spritzkabinen, wo der Decklack mit Spritzpistolen aufgebracht wird. Im Fertigtrockenofen und einer abermaligen Kühlzone wird der Arbeitsprozeß vollendet (Bauart Stotz A. G. Stuttgart).

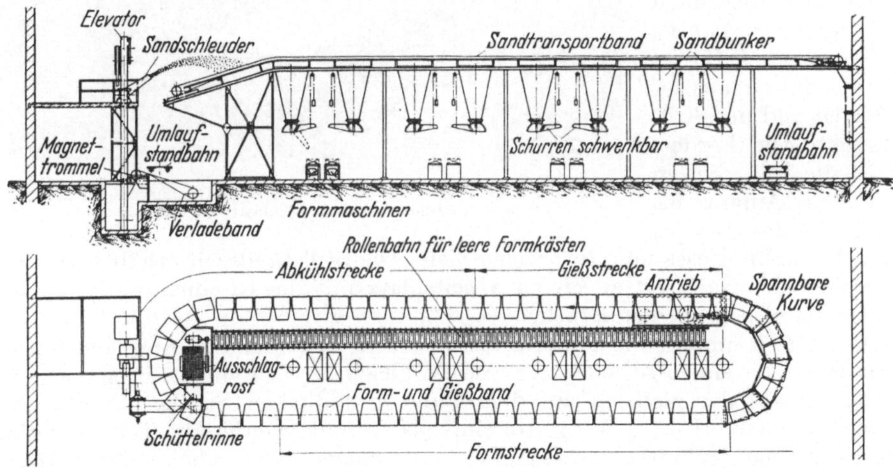

Bild 64. Schema einer Fließbandanlage für eine Gießerei mit waagerechtem Umlauf (Bauart Schenck, Darmstadt).

Leistung Eisen ············ 5 t/Schicht   Anzahl der Formmaschinen: 8 Stück,
          Formkästen···15 Stück/Std.   Abmessungen der Kästen:
          Sand ············ 5 cbm/Std.   von 420×270 bis 1000×500 mm, Bandgeschwindigkeit: $0,4 \ldots 0,8$ m/min.

wiederum aber nicht soviel, daß sämtliche Maschinen am Zentralband längere Zeit arbeiten könnten, so werden Querbänder angeordnet, die mit ihrem Kopfende an die zentrale Frischsandzufuhr angeschlossen sind, mit dem anderen Ende an die Altsandabfuhr. Die Geschwindigkeit des Förderbandes soll $3 \ldots 4$ m/min nicht überschreiten, weil sonst das Abgießen der Formen schwierig wird, denn die Gießer müssen ja bei ihrer Arbeit entsprechend der Fließbandgeschwindigkeit mitschreiten und den Einguß vollhalten. Es gibt auch fahrbare Abgießwagen, die an die Bänder angekoppelt werden. Wesentlich ist die Bemessung der Kühlstrecke, die die abgegossenen Kästen durchlaufen müssen, bevor sie ohne Gefahr für die Gußstücke

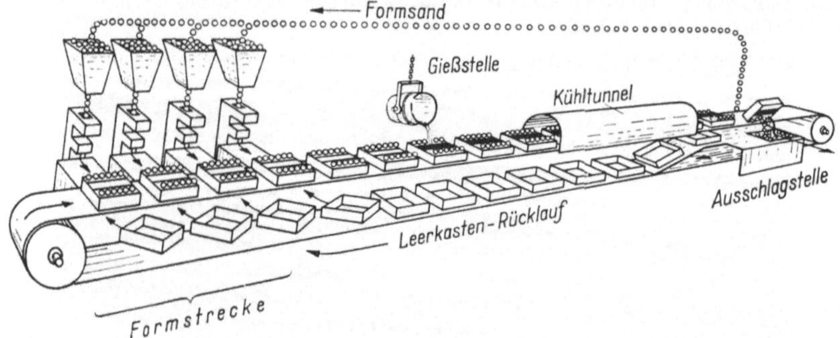

Bild 65. Schema einer Fließbandanlage mit senkrechtem Umlauf, mit Kühltunnel für die abgegossenen Formkästen.

ausgeleert werden können. Für Kleinguß rechnet man mit 12···15 min, die man durch den Kühltunnel noch abzukürzen sucht (vgl. Bild 65).

c) Taktstraßen. Sollen Arbeitsstücke im ruhenden Zustande bearbeitet und dabei nicht vom Bande genommen werden, so bewegt man den Förderer ruckweise. Die *Durchlaufzeit* für jedes Stück besteht aus der Förderzeit und der Stillstandszeit. Die Förderzeit ist die Zeit, die ein Stück vom Anfang bis zum Ende des Bandes

Bild 66. Vier auf einer Platte stehende, bereits abgegossene Formkästen werden nach unten zur Kühlstrecke umgeleitet.

gebraucht, wenn dieses ununterbrochen liefe. Die Stillstandszeit erhält man durch Malnehmen der Haltezeit an einem Arbeitsplatz mit der Gesamtzahl der zugleich auf dem Band befindlichen Stücke.

Die *Taktzeit* umfaßt die Förderzeit von einem Arbeitsplatz zum nächsten und die Haltezeit an einem Arbeitsplatz. Sie ist gleich der Durchlaufzeit, geteilt durch die Gesamtzahl der zugleich auf dem Band befindlichen Stücke. In der Taktzeit wird je ein Werkstück fertig. Im einfachsten Falle werden die Teile von Hand weitergeschoben (Bild 67), zweckmäßig nach einem akustischen oder optischen Signal. Zusammenhängende Fördermittel werden motorisch weiterbewegt (Bild 68). Besonders schwierig bei der Anlegung von Taktstraßen ist meist der erste Zusammenbautakt, der den Arbeitsaufwand zur Erreichung der für die Weiterbewegung des Bauteils erforderliche Eigensteifigkeit umfaßt (Bild 69). Man ordnet in solchen Fällen z. B. die Weiterbewegung von Hand auf Rollenbahnen an oder verwendet vom 1. zum 2. Takt einen Kran, um dann auf Gestelle überzugehen, wie z. B. auch im Flugzeugbau üblich ist.

Im *Großmaschinenbau*, wo ein Bewegen von Vorrichtungen, wie Umrüsten oder Weiterbringen der noch nicht genügend Eigensteifigkeit besitzenden Bauteile von Takt zu Takt, oft nicht möglich ist, bewegen sich die Arbeitskolonnen von Werkstück zu Werkstück. Man kann die beiden Verfahren auch miteinander verbinden. Allgemein ist man bestrebt, die Arbeitsbühnen ortsfest zu machen, damit die stets erforderlichen Anschlüsse für Preßluft, Licht, Kraft usw. auf kürzestem Wege erreichbar sind und außerdem durch Ausbau der Arbeitsbühnen zu Teilelagern eine Bereitstellung der Einbauteile dort möglich wird, wo sie gebraucht werden.

Bild 67. Zusammenbau eines Kompressors mit einfachen Mitteln im Taktverfahren. Als Vorbereitungstakt wird die Welle mit 2 Pleuelstangen und Exzenterschmierpumpe zum Zusammenbau hergerichtet. 1. Takt: Kurbelwelle in Gehäuse einbauen, Pleuelstange und Kolben einbauen. 2. Takt: Zylinder 1./2. Stufe und Kühler 2./3. Stufe aufbauen, Zylinder 3. Stufe und Abscheider 2./3. Stufe aufbauen. 3. Takt: Sämtliche Ventile, Deckel, Armaturen, Pumpe, Traversen, Schaulochdeckel einbauen und zum Probelauf fertigmachen (Demag, Duisburg).

d) Automatisierung [*41*] befreit den Menschen von der Ausführung immer wiederkehrender, gleichartiger Verrichtungen und löst ihn vor allem aus der zeitlichen Bindung an einen mechanischen Rhythmus. Der Weg geht dabei von der Automatisierung der Werkstückhandhabung (Magazinbeschickung) bei den

Bild 68. 23 m lange, oval angeordnete Bodenmontagebahn in einer Druckereimaschinenfabrik mit 95 Wagen und einer stufenlos verstellbaren Fördergeschwindigkeit von 0,05 bis 0,2 m/min. Der Zubringer-Kreisförderer an der Decke von 156 m Länge und 1068 mm Abstand der Lasthaken, 60 kg Belastungsgewicht, bringt vorgefertigte Einzelteile von einem zweiten Vormontageband und dient gleichzeitig als wanderndes Lager. Fördergeschwindigkeit 0,2 m/sek (Bauart Stotz A.G., Stuttgart).

einzelnen Arbeitsgängen (Abschn. 25) zur „festen Verkettung" von Fertigungseinrichtungen. Dabei arbeiten dann Zubringer-, Bearbeitungs-, Meß-, Überwachungs- und

Bild 69. Zusammenbau eines fahrbaren Kompressors. 1. Vorbereitungstakt: Aufbau vorbereiten, Armaturenwand und Rohrschellen für die Wasserleitung, Löcher für Propellerschutz usw. bohren, Teile an Armaturenwand einbauen, Filter, Druckflaschen mit Rohr und Lampe anbringen. 2. Takt: Aufbau auf Fahrzeuge setzen und befestigen, Kompressor und Motor einbauen und ausrichten, Ausrück- und Andrehvorrichtung einbauen. 3. Takt: Wasser-, Saug- und Rücklaufleitung einbauen, Ventilatorenschutz, zweite Druckflasche, 3 Druckleitungen, Konsole, Kondensat- und Wasserablaß anbringen. 4. Takt: Dach aufbringen, Brennstoffbehälter mit Leitung, Auspuff mit Leitung, Werkzeugkasten und sämtliche Armaturen einbauen. 5. Takt: Fertigstellen zum Probelauf (Demag, Duisburg).

Regeleinrichtungen vollautomatisch. Eine genaue Zeitabstimmung je Arbeitsvorgang oder -stufe, eine sorgfältige Planung des Werkzeugwechsels, der Einrichtungspflege usw. sind hier unerläßlich, fallen aber als Aufgaben für Sonderfachleute aus dem Rahmen dieses Buches.

E. Technisches Prüfwesen [42]

Der Begriff *Güte* (Qualität) umfaßt in der Industrie meist eine Summe von Eigenschaften (physikalisch, chemisch, biologisch) oder Wirkungen auf die Sinnesorgane (Aussehen, Geruch, Geschmack), wobei man unter Qualität eines Erzeugnisses den Grad seiner Eignung, den Ansprüchen der Verbraucher zu genügen, versteht. Die Eigenschaften oder Wirkungen — Qualitätsmerkmale — können objektiv meßbar, bedingt meßbar oder nicht meßbar sein. Darüber hinaus kann der Begriff der Güte einseitig nur hohe und höchste oder alle möglichen Anforderungen (höchste bis niedrigste) umfassen. Damit wird klar, wie verwickelt das ganze Prüfungsproblem ist. Erzeugnisse, die nicht den gütemäßig gestellten Anforderungen entsprechen, werden *Ausfall*, solche, die auch durch (lohnende) Nacharbeit nicht verwendbar gemacht werden können (Arbeitsfehler, Materialfehler, Bruch, Scherben usw.), *Ausschuß* genannt. Soll die Aufgabe des Prüfwesens aber erfüllt sein, so muß die Prüfung umfassend sein, d. h. sie muß bei den Entwurfsunterlagen (Zeichnung, Stücklisten) beginnen, sich über die Organisationsbelege der Arbeitsvorbereitung (Arbeitspläne, Werkstoff- und Lohnscheine, Betriebsmittelangaben) fortsetzen. Keinesfalls darf sie nur Wareneingangs-, Fertigungs- und Endkontrolle einschließlich Funktionsprüfung umfassen.

Hier sei nur die *Prüfung als Kontrollfunktion in der Fertigung* angeführt. Die für die Gütesicherung aufgewendeten Kosten werden zweckmäßig in Verhütungs-, Prüf- und Fehlerkosten aufgeschlüsselt. Zu den Verhütungskosten gehören Aufwendungen, mit denen dem Auftreten von Fehlern vorgebeugt werden soll, wie Aufstellen von Prüfplänen, Ausbildung von Prüfpersonal, Wartung von Lehren und Werkzeugen, sowie Abfassung schriftlicher Instruktionen. Zu den *Prüfkosten* zählen Aufwendungen für Inspektion, Güteprüfung während der Fabrikation, Labor- und Expertenbeurteilung. *Fehlerkosten* entstehen durch Ausschuß und Nacharbeit. In einem Betrieb fielen als Vergleichsbasis für Prüfkosten 0,6%, für Ausschuß 1,85% und Nacharbeit 5,37%, also insgesamt 7,8% vom Nettoverkaufserlös an. Hinzuweisen wäre noch auf die sehr wichtige Betriebsmittelkontrolle, die Prüfung sonstiger kaufmännischer oder organisatorischer Arbeitsabläufe und die Revision als Wirtschafts- oder Steuerprüfung durch betriebsfremde Prüfer.

30. Mengen- und Güteprüfung allgemein. Das der Gütesicherung, Gütesteigerung und Ausfallsbekämpfung dienende Prüf- und Meßwesen gliedert sich in:

Feststellung der jeweils interessierenden *Ist-Eigenschaften*,

Vergleich der *Ist-Eigenschaften* mit den entsprechenden *Soll-Eigenschaften*,

Abgabe des Urteils, ob die in den Soll-Eigenschaften zum Ausdruck gebrachten Forderungen durch die Ist-Eigenschaften erfüllt werden, z. B. Gut, Ausschuß, durch Nacharbeit verwendbar usw.

Dabei wird die Güteprüfung vielfach gleich mit der für die Lohn- und Kostenrechnung wichtigen Mengenprüfung vereinigt. Wesentlich in allen Fällen ist aber, daß die Ergebnisse, besonders wenn sie negativ sind, schnell der verursachenden Stelle mitgeteilt werden. Die Kontrolle soll nicht nachträglichen Feststell-, sondern Regelcharakter während der Fertigung erlangen. Zwecks planmäßiger Ausschußverhütung wird bei dieser Gelegenheit auch eine Aufgliederung der durch Ausschuß und Nacharbeit entstehenden Kosten nach *Ausschußursachen* notwendig: Fehler in der Konstruktion, bei Auswärtsanlieferung, bei Eigenbearbeitung, Montage, Transport, beim Material usw. Zugleich gliedert man diese Kosten nach Schuldstellen (*verursachende Kostenstellen*): Auswärtslieferant, Eingangskontrolle, Lager, Einkauf, Konstruktion, Arbeitsvorbereitung, Fertigungs- oder Montagestellen, Transportabteilung usw. Von grundsätzlicher Bedeutung ist die Frage, ob man die gefertigten Waren in Partien, Werkstattaufträgen, in einer Zentralstelle oder unmittelbar am Arbeitsplatz prüft.

a) Die Zentralprüfung ist notwendig, wenn aufwendige Prüfeinrichtungen eigene Räume oder besondere nicht überall greifbare Prüfmittel erfordern. Auch besteht dabei die Möglichkeit, Prüfer gelegentlich nach Erzeugnisgruppen einzusetzen und ihre Spezialkenntnisse besser auszuwerten. Nachteilig sind die Transportkosten und der Zeitverlust, da das Teil nach jedem Arbeitsgang an die Zentralstelle und wieder an die nächste Maschine gebracht werden muß und man Ausschuß erst nachträglich feststellt, ohne sofort ausschußmindernd oder den Gütegrad verbessernd eingreifen zu können.

b) Bei der laufenden Prüfung am Arbeitsplatz fallen alle diese Mängel weg, die Ausschußursachen werden rechtzeitig erkannt, die Menge des Ausschusses wird verringert und die Arbeitsgüte kann leicht gesteigert werden. Schon durch die laufende Überwachung der Arbeitskräfte und -vorgänge wird der Ausschuß wesentlich vermindert. Besonders in der Verfahrenstechnik werden Überwachungs- und Steuervorgänge immer mehr verbunden.

31. Hundertprozentige Prüfung. Die Entscheidung, ob hundertprozentige oder Stichprobenprüfung, beeinflußt ebenfalls stark die Wirtschaftlichkeit der Fertigung. Soll die Prüfung bei Einzelfertigung oder hohem Gebrauchswert der Ware

Sicherheit dafür geben, daß die geprüften Teile hundertprozentig den gestellten Forderungen entsprechen, muß eben danach geprüft werden. Allerdings ist in der Massenfertigung eine wirklich hundertprozentige Kontrolle nur bei *mechanisierter* Prüfung durch elektrische oder optische Geräte möglich, weil dabei sonst infolge menschlicher Unsicherheit, hervorgerufen durch die Umwelt und Eintönigkeit (Monotonie), große Meßfehler auftreten können. Ferner wird die Meßgenauigkeit durch das Meßgerät selbst und den Meßgegenstand beeinflußt. Die 100%-Kontrolle wird stets dann nötig, wenn der automatisierte Fertigungsvorgang auf Grund der Meßergebnisse gesteuert werden soll.

Da der Austauschbau dort seine Grenzen hat, wo das Einhalten der Paßtoleranzen einen höheren Aufwand erfordert als die Einpaßarbeit mit ihren bekannten Nachteilen, muß man meist für Qualitäten unter IT 5 (IT – Internationale Toleranz) zu einem Paßstück das Gegenstück heraussuchen, wobei also nicht mehr allein nach „Gut" und „Ausschuß" geprüft wird, sondern die Istmaße einzeln festgestellt werden müssen (*Aussuchpassung*). Demgegenüber werden bei der *Auslesepaarung* die Einzelstücke beider Paßteile in eine gleiche Anzahl von Toleranzfeldern eingeordnet, diese einander zugeordnet und Teile aus entsprechenden Teiltoleranzfeldern beliebig gepaart. Auch kann der Fall eintreten, daß man das schwerer anzufertigende Stück nach Teiltoleranzfeldern ausliest, während das leichter zu fertigende Stück (Zweitstück) anschließend in solchen Mengen bestellt wird, wie die Stücke in den zugehörigen Toleranzfeldern angefallen sind. Damit umgeht man die Schwierigkeiten, daß die Streuungsverhältnisse z. B. der Bohrungsfertigung anders sind als die der Wellenherstellung. Schwieriger liegen die Verhältnisse, wenn mehrere Passungen an einem Stück vorkommen, da dann die Auslese für mehrere Toleranzfelder vorzunehmen ist.

32. Stichprobenprüfung [*43*]. Sind in der Reihen- und Massenfertigung die Kosten einer 100%-Prüfung nicht mit einer entsprechenden Güte- und Wertsteigerung der Erzeugnisse verbunden, so kann eine Stichprobenkontrolle einsetzen. Als echte oder repräsentative Stichprobe gilt dabei eine bestimmte Menge, die aus einem gut durchmischten Lieferposten (Gesamtheit) herausgegriffen wird. Der Stichprobenumfang (Stichprobenpläne)[1] läßt sich statistisch ermitteln. Auf diese Weise gilt das Ergebnis der Stichprobe für den ganzen Lieferumfang.

Ein *Stichprobenplan* enthält im allgemeinen folgende *Vorschrift*: „Aus einer Gesamtmenge von N Einheiten ist eine Stichprobe von n Teilen zu entnehmen. N wird als brauchbar beurteilt, wenn sich in n höchstens c fehlerhafte Teile befinden. Die Fehler können z. B. in Verarbeitungsfehler und Materialfehler unterteilt werden."

Entsprechend der Bedeutung für mögliche Folgeschäden teilt man weiter in *Fehlerklassen* ein: 1. Fehler, die Menschenleben gefährden, 2. Fehler, die das Erzeugnis unbrauchbar machen, 3. Fehler, die mit großen Kosten, 4. Fehler, die mit geringen Kosten beseitigt werden können, 5. Schönheitsfehler.

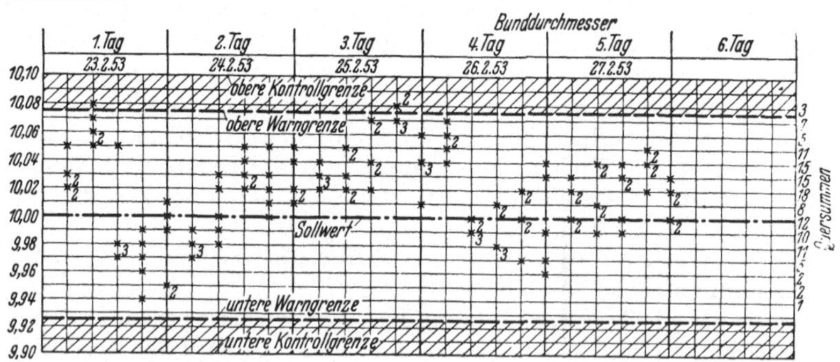

Bild 70. Kontrollkarte für ein Drehteil. Toleranz 9,90···10,10 mm. Toleranzmitte $\dfrac{9,90 + 10,01}{2} = 10,00$ mm.

Die Warngrenze liegt um die Differenz von Toleranzmitte (10,0 mm) bis Toleranzgrenze gleich 0,1 mm, multipliziert mit dem Erfahrungswert 0,75 bis 0,8, also um 0,075 bis 0,08 mm von der Mitte entfernt.

---

[1] Deutsche Arbeitsgemeinschaft für statistische Qualitätskontrolle beim Ausschuß für wirtschaftliche Fertigung e. V. (AWF) Berlin 33 und Frankfurt/M.

Abmachungen darüber, welche Eigenschaften und Abweichungen zu prüfen sind, müssen Bestandteil der Lieferbedingungen sein. Zur besseren Übersicht sind sogenannte Fehlerkataloge für Erzeugnisse, Gruppen und Teile aufzustellen, aus denen die Bewertung der Fehler ersichtlich ist. Selbstverständlich läßt sich die statistische Stichprobenmethode nicht nur auf Maße, Qualität und Stückzahl, sondern auf alle Dinge, Erscheinungen und kaufmännisch-verwaltungsmäßige Aufgaben anwenden. In der Fertigung selbst gibt dann auch die *Kontrollkarte* eine gute Möglichkeit, die Fertigung zu beherrschen, d. h. innerhalb der Grenzwerte zu halten (Bild 70), also einen dem natürlichen Verschleiß unterliegenden Drehmeißel so rechtzeitig auszuwechseln (Warngrenze), daß die zulässige Toleranz nicht überschritten wird. Außerdem ist die Maschine beim Einrichten nicht auf den Mittelwert, sondern die untere Warngrenze einzustellen.

33. Prüfmittel. [*44*]. Einen Überblick gibt nachstehendes Schema. Ziel der Prüfungen sind Maße, Eigenschaften und Mengen.

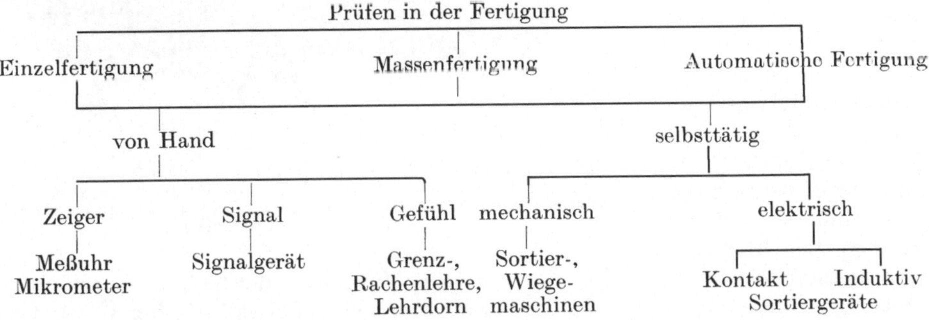

Meßgenauigkeit und Ablesegenauigkeit kennzeichnen das Messen. Die *Meßgenauigkeit* hängt vor allem ab von Bauart, Herstellungsgüte, elastischem Verhalten und Temperatur des Meßgerätes, ferner vom Prüfling und vom Menschen (Art des Ansetzens, Meßkraft, elastische Verformungen, Temperatur, bei elektrischen Geräten Stromschwankungen). Die *Ablesegenauigkeit* wird bestimmt durch die Übersetzung im Meßgerät (Übertreibung ist ohne Vorteil), Art und Einteilung der Ableseeinrichtung, Geschicklichkeit und Sorgfalt des Beobachters. Die Wahl des günstigsten Gerätes zum Messen einer bestimmten Werkstücktoleranz ist daher bei hoher Genauigkeit nicht immer einfach.

Die Rationalisierung des Prüfens von Hand geht vom einfachsten Fall der Benützung von Lehren, wobei Lehre und Prüfling in die Hand genommen werden, zum

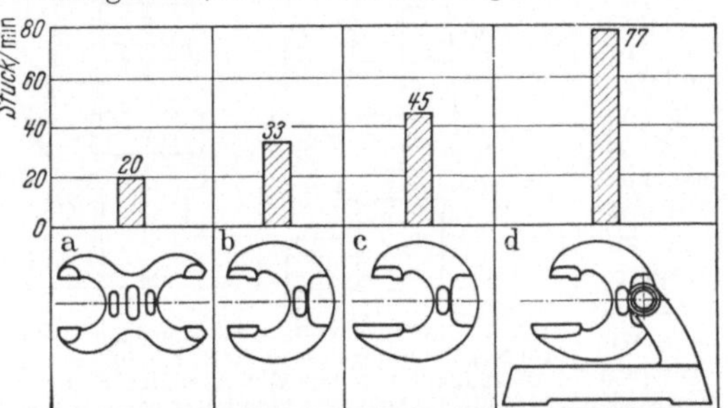

Bild 71. Prüfleistungen mit verschiedenen Rachenlehrenformen. a) Normale doppelmaulige; b) einmaulige; c) einmaulige und Einführansatz; d) einmaulige Rachenlehre mit Einführansatz und Halter: Zweihandbedienung.

festen Prüfgerät, das beide Hände für Zuführ- und Ablegearbeiten frei läßt (Bild 71). Für die Gußkontrolle verwendet man z. B. Rohgußprüflehren (Bild 72).

Das Auslesen der Werkstücke nach verschiedenen Toleranzfeldern verursacht mehr Prüfarbeit als das einfache „Gut und Ausschuß" Prüfen, und man sucht hier ebenfalls nach Vereinfachungen (Bilder 73 und 74), wobei noch wesentlich ist, daß die Werkstücke verschiedener Toleranzfelder entweder durch Sammelbretter oder Behälter mit Toleranzfeldkennzeichnung und Farbmerkmalen auseinander gehalten werden.

Die *Gewindeprüfung* mittels Gewindelehrringen und -dornen ist zeitraubend und der Verschleiß durch die Reibungen hoch. So erfordert z. B. das Prüfen eines Innengewindes für 100 Stück bei

Einschrauben des Lehrdornes von Hand	12,5 min
Einschrauben des Lehrdornes mit der Handleier	7,5 min

Prüfen mit handelsüblicher, durch Seilzug betätigter Lehrdornein- und ausschraubvorrichtung 5 min

Mech. Antrieb des Lehrdornes durch Reibkupplung mit Drehrichtungswechsel 4,7 min

Zweckmäßig verwendet man auch Grenzrachenlehren für kurze Prüfwege unter Anwendung von Prüfrollen, die auf außermittig gelagerten Büchsen angebracht sind. Die Prüfrollenpaare, von denen das eine für die Gut-, das zweite für die Ausschußprüfung vorgesehen ist, können nach Gewindeeinstelldornen für jede Toleranz eingestellt werden.

Der weitere Weg führt über die Verwendung von Teilezuführeinrichtungen, Hartmetallbestückung und das Verchromen von Lehren und Prüfgeräteteilen, die der Abnutzung unterworfen sind, zum Einsatz von Vielfachtastern mit elektrischen Leuchtsignalen oder akustischen Signalen. Bei der Ausleseprüfung gibt der Toleranzmarkenstrich noch eine Ablesemöglichkeit von 150 μm und mehr. Bei elektrischer Übersetzung können Messungen in Toleranzen von wenigen μm (Mikrometer, 1 μm = $^1/_{1000}$ mm) auf große Skalen übertragen werden.

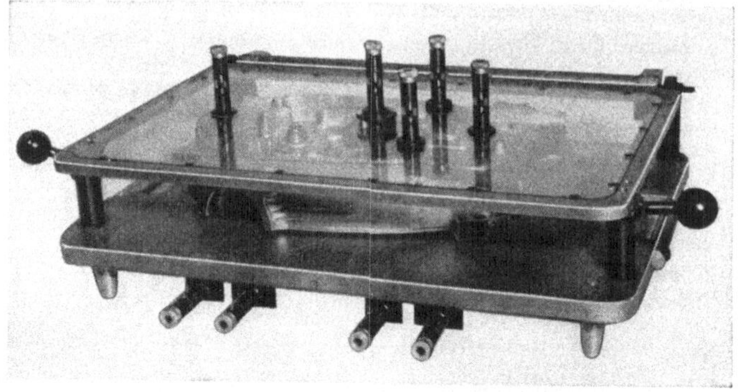

Bild 72. Rohrgußprüf-Sichtlehre, die es ermöglicht, über Meßtaster mit Nonius die vorgeschriebene Toleranz und mittels einer auf der Plexiglasscheibe eingeritzten Umrißlinie den Kernversatz der Gußteile zu prüfen (Werkfoto Karl Schmidt, Neckarsulm).

Der strömenden Luft an Stelle von Tastkörpern bedient sich das sogenannte Solex-Verfahren, bei dem der sich ändernde Staudruck entsprechend dem sich vergrößernden oder verkleinernden Spalt zwischen einer festen Luftdüsenoberfläche und dem zu prüfenden Werkstück zum Messen verwendet wird (Bild 75). Pneumatische Taster lassen sich auf entsprechenden Grundplatten für verschiedenst geformte Werkstücke anordnen. Bei den Anzeigegeräten sind Übersetzungen bis 1:23000 möglich. Beim Übergang von manueller zu halb- oder vollautomatischer Prüfung tritt das Problem der bestmöglichen Kapazitätsnutzung der Prüfmittel zu Tage. Kapitalkosten treten an Stelle von personalbezogenen.

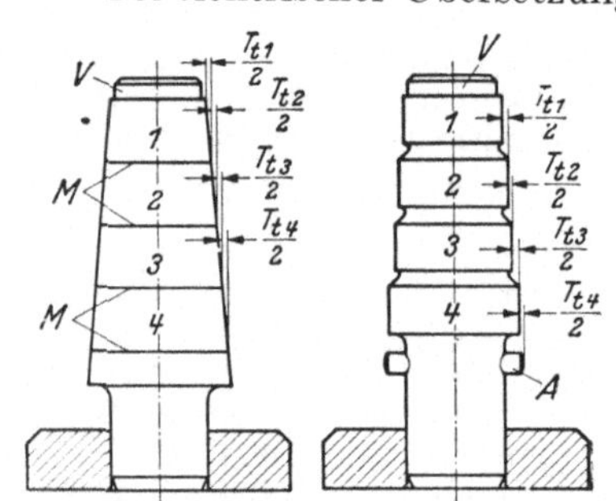

Bild 73. Ausleselehre für 4 Toleranzfelder — links für Kegelbohrungen — rechts für Bohrungen mit Ausschußseite A. Der Vorführansatz V vermindert die Prüfzeit und verhindert beim „Ecken" des Gutlehrdornes das unberechtigte Weglegen des Teiles als zu klein.

Die letzte Entwicklung geht dahin, nicht mehr am bereits fertigen Teil zu prüfen, sondern Maße, Toleranzen und sonstige Forderungen unmittelbar bei ihrem Entstehen im Fertigungsmittel zu überwachen, z. B. beim Schleifvorgang (*Meßsteuerung*). Auch für die statistische Qualitätskontrolle gibt es Prüfmittel, die für den Bedienungsmann der Maschine die jeweilige Lage des Istmaßes zwecks Eintragung in die Kontrollkarte erkennen lassen, ohne ihn mit dem Ablesen von Zahlenwerten zu belasten.

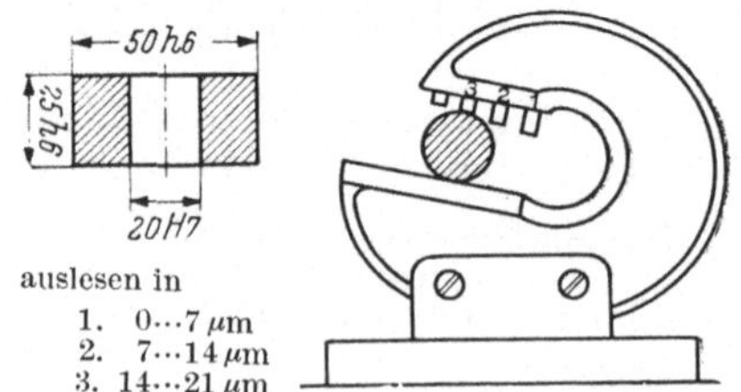

auslesen in

1. 0...7 μm
2. 7...14 μm
3. 14...21 μm

Bild 74. Mehrfachrachenlehre und Kennzeichnung der Teiltoleranzfelder auf der Teilzeichnung.

Mit der Steigerung der Genauigkeit verdient das Messen der *Oberflächengüte* erhöhte Bedeutung. Neu ist die Verwendung radioaktiver Isotope zur Überprüfung von Metall-, Papier-

5*

oder Kunststoffbanddicken. – *Zähl-* und *Mengenmesser* arbeiten mit verschiedenst gestalteten Kontakten, Lichtschranken (Lichtstrahl), elektr. Schwingkreisen (Oszillator), mit Isotopen-

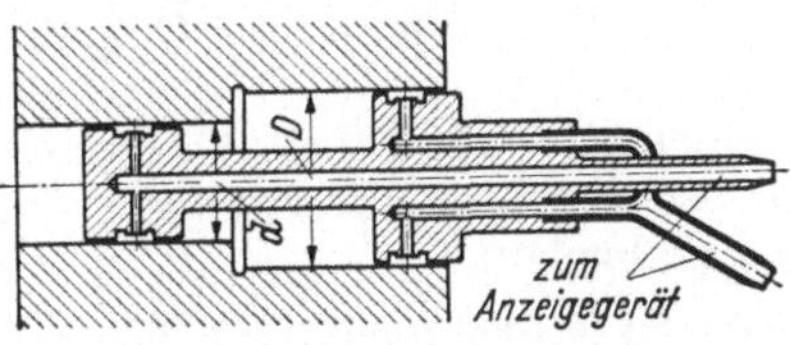

Bild 75. Solex-Prüfdorn zum gleichzeitigen Prüfen von zwei Bohrungen, entweder auf Toleranzfelder abgestimmt oder zum Feststellen, ob innerhalb der Bohrung unzulässige Abweichungen von der Rundheit gegeben sind.

strahlung oder pneumatisch (explosionssicher; z. B. Bodendruck zur Tankinhaltsmessung). Die Verbindung mit Linien- und Punktschreibern ermöglicht auch eine nachträgliche Kontrolle. Aus Relaisspeichern, Zählmagneten, Schrittschaltern können Zifferninformationen (Stückzahlen, Gewichte usw.) nicht nur unmittelbar, sondern auch ferngelesen oder auch in entsprechenden Meßwertspeichern aufgenommen und auf Anfrage angezeigt werden. Direktdruck (Digital-Meßtechnik) ist der nächste Schritt. Die Abfrage-Druckgeschwindigkeit beträgt bei elektrisch ansteuerbaren Ziffernschreibmaschinen 10 Zeichen/sek, bei Schnelldruckern 50 bis 100 Zeichen/sek. Dies ist besonders dort wichtig, wo Zahlenwerte mehrmals täglich abgelesen und in umfangreiche Listen eingetragen werden sollen. Selbstverständlich ist auch eine Eingabe der Daten in Lochkarten- oder Lochstreifengeräte möglich.

F. Materialfluß und Förderwesen [45]

Eine wirtschaftliche Fertigung erfordert neben der richtigen Auswahl der Fertigungsverfahren, Maschinen und Betriebsmittel auch einen schnellen Materialdurchfluß ohne längere Lagerzeiten, also die zweckmäßigste Lösung des Förder- und Lagerwesens. Das Beherrschen des Materialflusses ist um so wichtiger, je größer der Mengendurchsatz in den Werkstätten ist und kann natürlich nie für sich allein, sondern nur im Zusammenhang mit der Aufstellung der Maschinen und der Wahl der Fertigungsarten gesehen werden. Die Anforderungen an das Fördern und Lagern selbst sind dabei durch Art (feste, flüssige, gasförmige oder körperlose Güter wie Strom), Menge und zeitlichen Anfall aller zum Betrieb kommenden und im Betrieb umlaufenden Rohstoffe bestimmt, wobei der Materialfluß vom Rohstofflieferanten zum Lager, durch die Fertigungsabteilungen, Zwischenlager und Zusammenbauwerkstätten zum Versand viele einzelne Fördervorgänge bedingt, die als Materialflußkosten die Fertigungskosten wesentlich beeinflussen können.

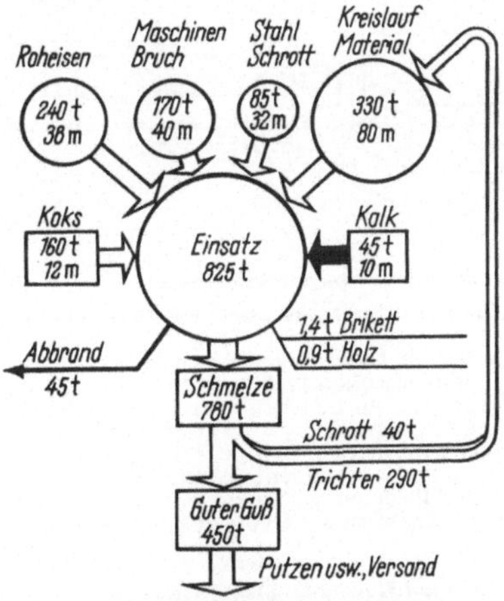

34. Transportorganisation. Das Materialflußproblem auf volkswirtschaftlicher Ebene, das die Standortwahl eines Unternehmens betrifft, interessiert hier nicht. Im Rahmen der Arbeitsvorbereitung sind nur Fragen der Förderung im Betrieb von und zur eigentlichen Bearbeitungsstelle, von Halle zu Halle oder anderen Stellen im gleichen Gelände zu behandeln. Die Lösung dieser Fragen zwingt zuerst zur Aufstellung von *Materialflußkennzahlen* zwecks Festlegung und Einteilung der *Fördermittel* und zwecks Bestimmung von *Förderabschnitten* (Bilder 76 u. 15, Seite 24).

Bild 76. Materialflußbild für die Schmelzanlage einer Gießerei. Gewichtsangaben und erforderliche Transportwege als Ausgangsbasis für Materialflußrationalisierungen.

Nach Art und Häufigkeit der zu fördernden Güter wird der Transport entweder ungesteuert bewältigt (Arbeiter und Meister transportieren je nach Warenanfall) oder durch planmäßige Rund- und gelegentliche Streckenfahrten. Als weitere Möglichkeiten kommen Fließbänder mit Handaufgabe oder automatischer Zu- und Absteuerung in Frage. Bei planmäßigen Streckenfahrten entstehen beim Übergang von einem Förderabschnitt zum andern oft Störungen. Es ist daher zweckmäßig, zur Richtungs- und Fahrtdichtebestimmung an den Anfallstellen mind. 1 Woche Aufschreibungen über Fördereinheiten, Gewichte, Rauminhalte und Förderrichtungen zu machen.

Der *Förderplan* wird am zweckmäßigsten bildlich oder als Tabelle dargestellt. Waagrecht sind die Abfertigungs- und Fahrzeiten, senkrecht die Abfertigungsstellen der Reihenfolge nach angegeben (wie im Eisenbahnfahrplan).

Die planmäßige Förderung sichert eine gute Ausnutzung der Fahrzeuge und Menschen. Der einfachste Fall ist z. B. die Festlegung von 4 Rundfahrten in der 8stündigen Arbeitszeit im Abstand von rd. 2 Stunden, da bei verschiedenartig anfallenden Arten und Mengen des Fördergutes die Be- und Entladezeiten nur überschlägig festlegbar sind.

Den Verkehr zwischen den Hauptbahnhöfen (Anfallstellen) innerhalb der Arbeitsplätze und Maschinen, also im Bereichsverkehr mit kurzen und kürzesten Strecken, wird der kleine *Hand-* oder *Elektrokarren* übernehmen.

Eine weitere Transportstaffel soll für *rasche Kleintransporte* bereit stehen, die evtl. hallenweise aufgeteilt sind und so schnell wirksam werden müssen, daß Transporte durch produktive Arbeitskräfte, durch „Handlangermärsche" von Vorarbeitern und Meistern unterbleiben.

Gelegentliche Fahrten für *unregelmäßig anfallende* Transporte, wie Be- und Entladen von Waggons oder Lastwagen, Abtransport fertigmontierter Anlagen zur Farbspritzerei, in Großmontage und von dort zum Versand usw., die oft den Einsatz von Sonderfahrzeugen erfordern, müssen von einer *besonderen* Gruppe durchgeführt werden. Die Steuerung der Sondertransporte erfolgt über die Transportzentrale, wobei — ist diese nicht immer besetzt — z. B. der Heizer oder Fahrzeugwächter die Aufträge entgegennimmt und z. B. mittels Lichtzeichen den Transportmeister auf vorliegende Aufträge hinweist.

Besonders in der *Großreihen-* und *Fließfertigung* müssen vor Aufstellung des Förderplanes Untersuchungen über die Zeit, in welcher der Fördervorgang durchgeführt sein muß, angestellt werden, um keine Zeitverluste für die Anschlußarbeiten aufkommen zu lassen. Als Hilfsmittel gilt auch hier die Arbeits- und Zeitstudie. Dabei ist ein klares, einfaches Schaubild des Ablaufes der Förderung in der Fertigung von Arbeitsplatz zu Arbeitsplatz aufzuzeichnen, die vorhandenen und erforderlichen Fördermittel sind zu skizzieren und ihre Zweckmäßigkeit zu untersuchen, desgleichen Anlage und Zustand der Wege. Weiter ist die Durchlaufzeit vom Materialeingang bis zum Versand des verkaufsreifen Erzeugnisses festzustellen, und die im Förderwesen eingesetzten Menschen sind zu erfassen. Die Hauptplanung umfaßt dabei das ganze Werkgelände, die Einzelplanung einzelne Gebäude, Fertigungszweige usw. Der von der AWF-Fachgruppe Förderwesen entwickelte Materialflußbogen[1] ist dafür ein wertvolles Hilfsmittel. Größe und Anordnung der Lager sind ebenfalls mit in die

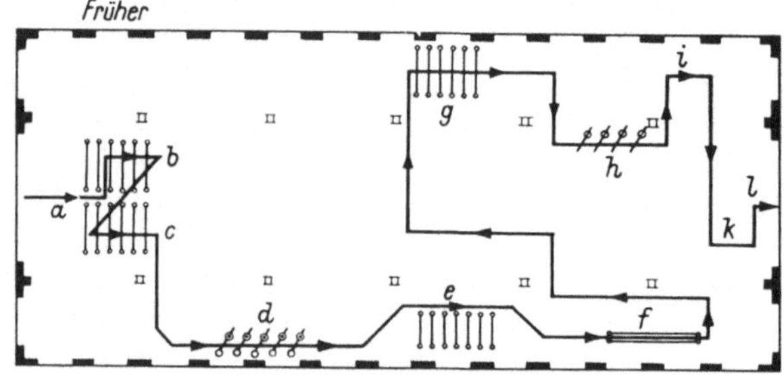

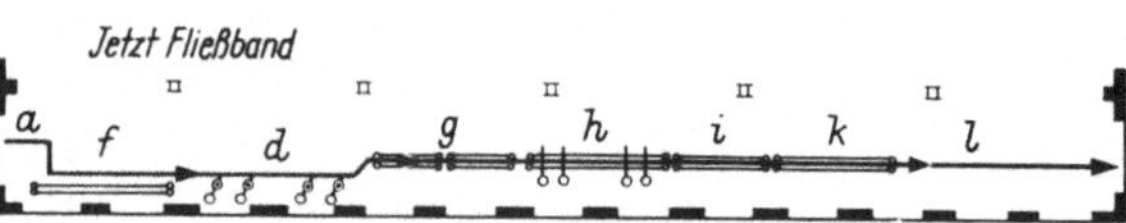

Bild 77. Schaffung eines glatten Durchflusses durch Maschinenumstellung in der Herstellung von Eisenkonstruktionsteilen, wobei 75% des bisherigen Werkstättenraumes für andere Zwecke frei wurde und an Transportkosten 99%, an Arbeitern etwa 60, an Wartezeiten 90, an Umlaufweg 83% eingespart werden konnten (aus „Erfahrungsaustausch", Mai 1943). *a* Einlauf; *b* Vorzeichnen; *c* Ankörnen; *d* Wandbohrmaschinen; *e* Auflagen; *f* Brennen; *g* Zusammenbau; *h* Nieten; *i* Kontrolle; *k* Anstreichen; *l* Versand.

	Früher	Jetzt
	Früher	Jetzt
Im Umlauf	40···50 t Gewicht	bis 2 t Gewicht
Arbeiter	40	18
Wartezeiten	hoch	keine
Durchlaufzeit	2 Wochen	1,2 Stdn
Durchlaufweg	1,2 km	0,2 km

Untersuchung einzubeziehen. Meist bringt eine derartige Durcharbeit wertvollste Erkenntnisse bezüglich Einsparung von Förderwegen, Engpässen bzw. Stockungen im Arbeitsfluß und

---

[1] VDI-Richtlinie 3300. Anleitung für Materialflußuntersuchungen. VDI 3300a. Materialflußbogen, Beuth-Vertrieb, Berlin 30 und Köln.

führt so zu Verbesserungen in der Werks- bzw. Werkstättenplanung, die sich auch in der Einzelfertigung günstig auswirkt.

Das Ideal in den Werkstätten selbst ist die Maschinenaufstellung dem Arbeitsablauf des Werkstückes entsprechend bzw. die Fließarbeit am laufenden Band. Nun läßt sich selbstverständlich nicht in jedem Fall ein laufendes Band oder eine andere mechanische Transporteinrichtung einbauen bzw. der Arbeitsfluß durch Zusammenrücken von Maschinen und Verbindung durch Rinnen, Rutschen, Aufzüge usw. günstig gestalten. Angestrebt werden muß jedoch die Verkürzung der Transportwege in jedem Fall.

Welche Vorteile erzielt werden können, zeigt Bild 77 in einer Fertigung, die bis dahin in dieser Richtung noch sehr wenig untersucht wurde. Der glatte Arbeitsfolgenablauf ist das Ergebnis technisch-wissenschaftlicher Transportuntersuchungen, die auch in Arbeitsbereichen eine reibungslose Arbeit sichern können, wo man nicht von Massenfertigung sprechen kann und immer das gleiche Erzeugnis gefertigt wird, also z. B. beim Wareneingang oder -versand mit nur festen Arbeitsfolgen, wie Auspacken, Wiegen, Zählen, Prüfen und Sortieren, sowie Aufschreiben und Abtransport (Bild 78).

35. Fördermittel sind Hilfsmittel, große Mengen, höhere Gewichte und lange Wege zu überwinden, und an sich nicht Voraussetzung einer

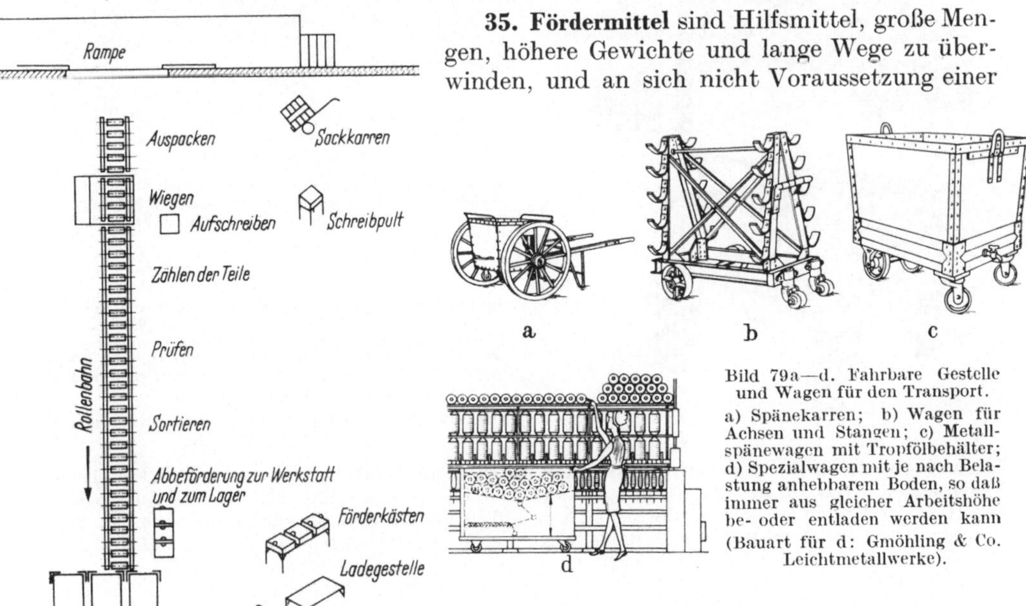

Bild 79a—d. Fahrbare Gestelle und Wagen für den Transport.

a) Spänekarren; b) Wagen für Achsen und Stangen; c) Metallspänewagen mit Tropfölbehälter; d) Spezialwagen mit je nach Belastung anhebbarem Boden, so daß immer aus gleicher Arbeitshöhe be- oder entladen werden kann (Bauart für d: Gmöhling & Co. Leichtmetallwerke).

Bild 78. Beispiel eines glatten Arbeitsablaufes im Wareneingang.

fließenden Arbeit. Dabei unterscheidet man im wesentlichen Aufnahmebehälter, gleis- und gleislose Flurförderer und Dauerförderer.

a) Aufnahmebehälter sind danach auszuwählen, ob Rohstoffe, Halbfabrikate, Fertigerzeugnisse, Hilfsstoffe oder Abfallprodukte in Form von Fließgut, Schüttgut oder Stückgut befördert werden sollen, außerdem nach der Empfindlichkeit des Fördergutes. Zu achten ist dabei auf Lagereinheiten = Fördereinheit = Fertigungseinheit, zwecks besserer Lagerausnutzung und Minderung des Aufwandes für Überwachung, Mengenprüfung und Umpackarbeiten.

Es sind zu nennen: Bunker mit Bodenentleerung, kippbare Aufsätze auf das Fördergerät, Sonderkippwagen usw. Im Betrieb selbst haben sich zur Vermeidung von Handbe- und -entladungen fahrbare Gestelle und Wagen (Bilder 79 u. 80) bewährt. Dort, wo größere Wegstrecken zurückzulegen sind und Flurfördermittel wie Elektrokarren bzw. Hubwagen zur Verfügung stehen, sind Transport- und Ladekästen, Tische und Gestelle, die gleiche Höhe mit der Plattform des Fördermittels haben (Bild 81), zweckmäßig. Zu beachten ist ferner, daß besonders bei einfachen Behältern die Größennormung so durchgeführt sein soll, daß mehrere ineinandergestellt, ja selbst in Lagerfächer abgestellt werden können. Einige Gehänge für Dauerförderer zeigt Bild 82, die natürlich weitgehend vom Fördergut abhängig sind. Allgemein geht das Bestreben dahin, Transport- und Lagergeräte über die Grenzen des Betriebes hinaus, also sowohl für Warenbezug, in Lägern und Werkstätten als auch für den

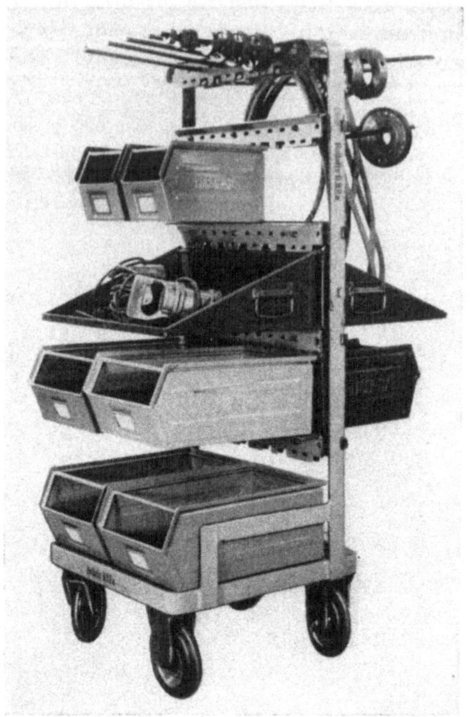

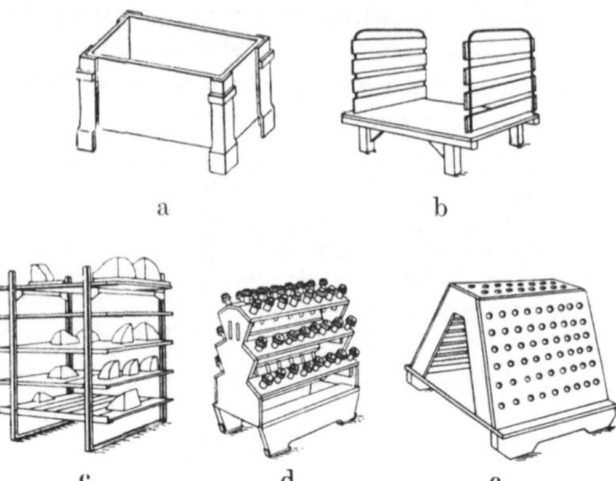

Bild 81a—d. Ladegestelle, Kästen und Tische in verschiedenster Ausführung.

a) Normaler Stapelbehälter; b) herausnehmbare Stirnwände; c) für Gießereikerne; d) für kleine Maschinenteile; e) für Kleinteile (Zählgestell).

Bild 80 (links). Fahrbares Ladegestell mit auswechselbaren Tragkästen, Dornen und Ablageplatten, als Fördergerät, Montagewagen oder Zwischenlager verwendbar. Die Trag-(Lager-Fix)Kästen sind in ihrer Größe so gehalten, daß jeweils zwei einer Gruppe auf den nächstgrößeren Kasten passen.

(Bauart Fritz Schäfer K. G., Neunkirchen, Kr. Siegen.)

Versand einsetzbar zu machen. In den deutschen Palettenpool sind seit dem 1. 1. 1960 Flachplatten DIN 15146 und DB-Boxpaletten DIN 15142 (800×1200 mm) einbezogen, seit 16. 2. 1961 auch Gitterboxpaletten DIN 15155 in den Maßen 800×1200 mm. Die meisten europäischen Länder schlossen sich dieser Regelung an. Gitterboxplatten DIN 15144 und die ISO-Größen 800×1000 sowie 1000×1200 mm gelten noch als Kundensonderpaletten.

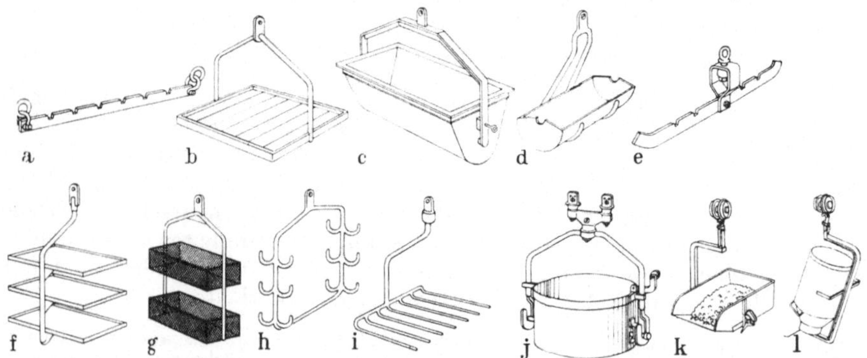

Bild 82a—l. Gehänge für Dauerförderer. a) Kerbenstab mit Doppelaufhängung; b) Einzeltablettgehänge; c) Kippbecher; d) Schalengehänge; e) drehbarer Kerbenstab; f) Mehrfachplattengehänge; g) Drahtkörbe; h) Mehrfachhaken; i) Gabelgehänge für automatische Lade- und Entladestationen; j) automatischer Kippbehälter; k) Kippschale; l) Milchkannenhalter.

b) Gleis- und gleislose Flurförderer. Die ebenerdigen Fördermittel haben den Vorzug der Freizügigkeit, erfordern aber ebene glatte Fußböden, die freigehalten werden müssen und hohe Unterhaltungskosten verursachen. Je nach Lastgröße und Förderstrecke werden sie von Hand oder elektrisch betrieben. Besonders der Hubwagen, als Hand- oder Elektrokarren ausgebildet, der die Ladegestelle aufnimmt, fortführt und am neuen Gebrauchsort wieder absetzt, bringt große Vorteile. Um eine schnelle Tür- und Tordurchfahrt zu erreichen, müssen entweder Gummipendeltüren oder besondere Türöffner verwandt werden.

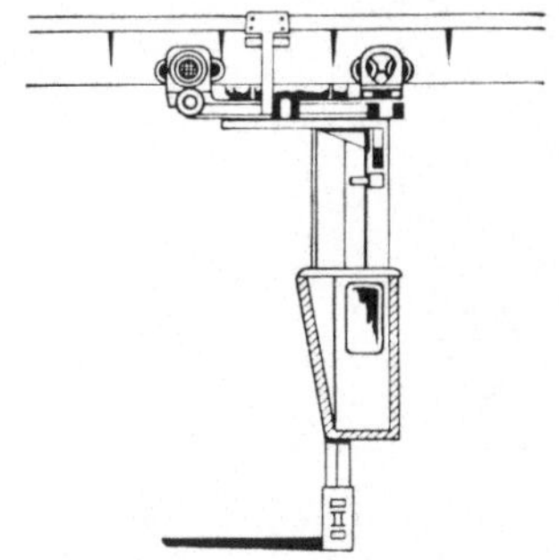

Bild 83. Stapelkran mit Stapelhöhen bis zu 10 m und 4000 kg Traglasten. Er nimmt z. B. Paletten am Wareneingang auf, transportiert sie durch die Halle zum vorgesehenen Regal und schiebt sie ins Fach, auch vollautomatisch (Bauart Demag, Duisburg).

Als Schleppfahrzeuge sind auf Weitstrecken Elektrokarren einzusetzen, die für die verschiedensten Transporteinheiten entsprechende Regalaufbauten, Konsolen usw. leicht abnehmbar haben sollen. Elektro- oder Dieselmotorgetriebene (Auspuffgasfilter!) Gabelstapelfahrzeuge sind heute mit verschiedenen Zusatzeinrichtungen für Lager, Transport und Fertigungswerkstätten wirtschaftlich einsetzbar. Während die meist gewählte Stapelhöhe 3–4 m beträgt, sind für eine optimale Lagernutzung heute Lagerhöhen zwischen 6 und 7 m gängig.

Schwere Werkstücke werden über kurze Strecken mittels Dreh- oder Laufkran bewegt, mit Spezialstapelkranen auch verschiedenartig gelagert (Bild 83). Besonders bei schweren Lasten ist dabei auf die vorteilhafte Radiofernsteuerung mit einem Sender in der Hand oder auf dem Rücken des Bedienungsmannes und einem Empfänger mit Entzifferungssystem am Kran oder Aufzug zu verweisen.

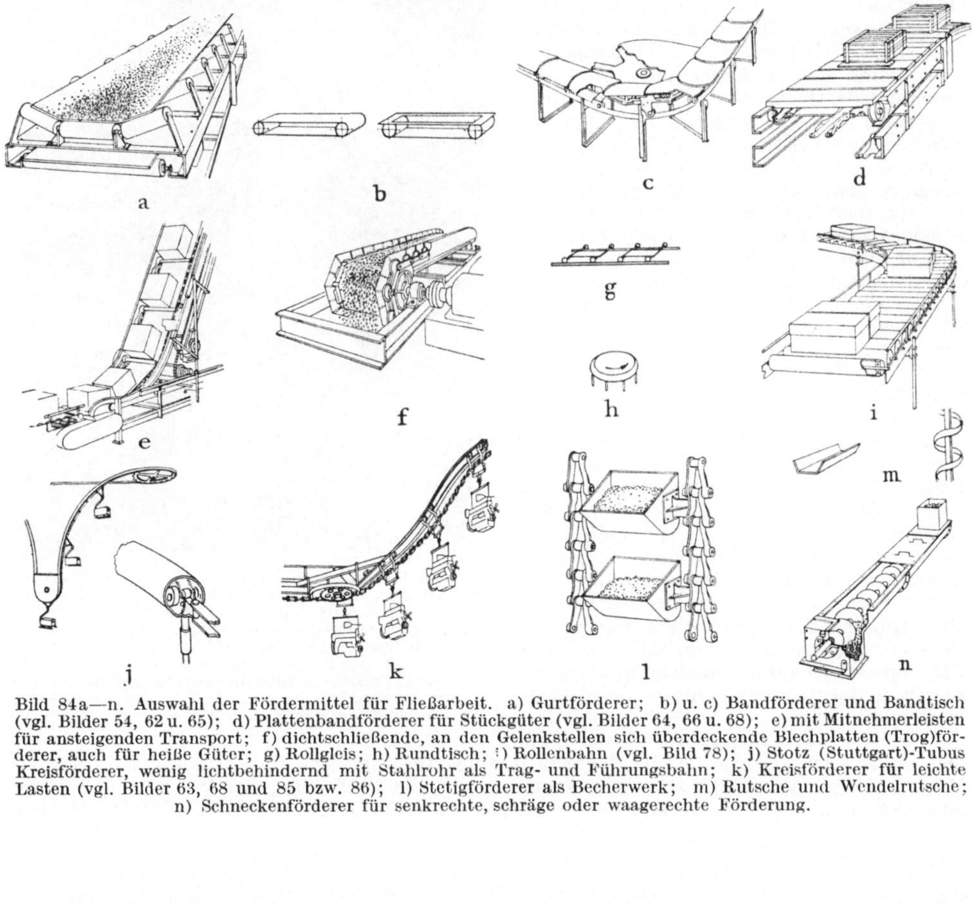

Bild 84a—n. Auswahl der Fördermittel für Fließarbeit. a) Gurtförderer; b) u. c) Bandförderer und Bandtisch (vgl. Bilder 54, 62 u. 65); d) Plattenbandförderer für Stückgüter (vgl. Bilder 64, 66 u. 68); e) mit Mitnehmerleisten für ansteigenden Transport; f) dichtschließende, an den Gelenkstellen sich überdeckende Blechplatten (Trog)förderer, auch für heiße Güter; g) Rollgleis; h) Rundtisch; i) Rollenbahn (vgl. Bild 78); j) Stotz (Stuttgart)-Tubus Kreisförderer, wenig lichtbehindernd mit Stahlrohr als Trag- und Führungsbahn; k) Kreisförderer für leichte Lasten (vgl. Bilder 63, 68 und 85 bzw. 86); l) Stetigförderer als Becherwerk; m) Rutsche und Wendelrutsche; n) Schneckenförderer für senkrechte, schräge oder waagerechte Förderung.

c) Dauer- oder Stetigförderer werden als selbsttätige Anlagen zur Bewegung von Stück- und Schüttgütern verwendet. Es gehören dazu neben Rundtischen Rollenförderer, Band- und Plattenbänder, Becherwerke, Schaukelförderer, Hängebahnen, Förderschnecken (Bild 84).

Dabei gilt der mit geringem Gefälle aufgestellte Rollenförderer, bei dem die selbsttätige Förderung durch das Eigengewicht des mit ebener Lauffläche oder Bodenleiste versehenen Stückgutes erfolgt, als die einfachste und auch behelfsmäßig am leichtesten herstellbare Fördereinrichtung. Die z. B. dabei zwischen den Maschinen auf dem Förderer lagernden Teile bilden gleichzeitig einen übersehbaren Puffer bei etwa auftretenden kleinen Störungen. Sind Höhenunterschiede zu überwinden, so werden motorisch angetriebene Rollen verwendet. Ihrer Bauart nach gibt es ortsfeste und fahrbare Anlagen. Förderbänder aus Gummi, Balata, Leder oder Stahl, zur Erhöhung der Förderleistung muldenförmig angeordnet oder mit seitlichen Führungsrändern versehen, benötigen wenig Wartung und Antriebskraft. Vibrationsförderer (Schwingförderer) benutzen die lineare Schwingung des Förderbodens für die horizontale, schräge oder vertikale Förderung von Schüttgütern.

Zur Förderung schwerster Lasten eignen sich Plattenbänder. Staubfrei lassen sich Schüttgüter in Trogförderern mittels entsprechend gestalteter Kette, die im Trog umläuft und in der Fördereinrichtung am Boden entlang streift und so das Fördergut in seiner Schichthöhe mitnimmt, waagrecht oder schräg fördern.

Sogenannte Schaukelförderer — Kreisförderer — verlassen meist den Fußboden als Transportweg und geben ihn frei für andere Zwecke. Bei der Anordnung müssen die Lichtverhältnisse berücksichtigt werden, die durch ihn nicht so stark wie beim Trogförderer beeinflußt werden. Dabei können zum Transport einfache Hängeketten oder Plattformen oder Kippmulden Verwendung finden. Becherwerke werden für senkrechte und schräge Förderstrecken hauptsächlich für Schüttgüter so z. B. in der Sandaufbereitung der Gießerei verwendet.

Je mehr Verbreitung Stetigförderer finden, um so wichtiger werden die Möglichkeiten des Ausschleusens der Lastlaufwerke von einer Bahn auf eine Wartebahn oder eine andere, wobei die Betätigung der Weichen von Hand oder elektrisch über Druckknopf oder Schaltnocken erfolgen kann (Bild 85). Das Beschicken

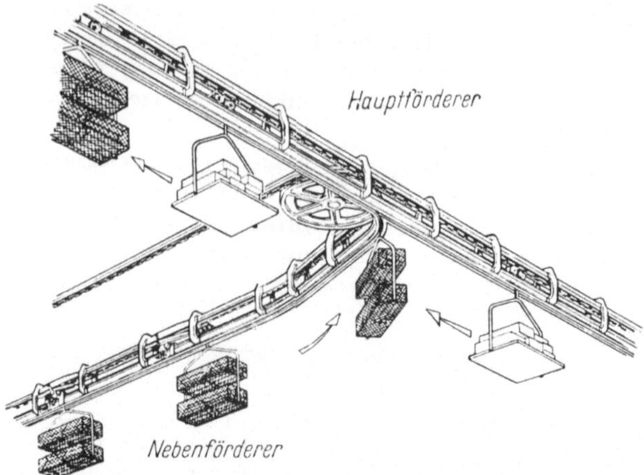

Bild 85. Automatische Übergabe des Fördergutes einer King-Dual-Duty Anlage, mittels Umlenkrad und Weiche von einer Doppelbahn auf die andere, wobei Fernsteuerung mittels Druckknopf, Programmwerk oder Lochkarte möglich ist (Bauart Schenck, Darmstadt.)

Bild 86. Weiche zum Umleiten von Lasten, die elektrisch gestellt wird. Die Tennisschläger werden auf 84 Lastlaufwerken im Abstand von 1 m in Gehängen zu dreien mit einer regelbaren Geschwindigkeit von 0,45 bis 1,9 m/min durch die elektrostatische Lackieranlage, den Ofen und die Arbeitsplätze zum Anbringen der Dekorationsstreifen befördert. Im Ofen werden die Gehänge gedreht und der Abstand auf 400 mm verringert (King-Dual-Duty Mehrzweckkreisförderer, Bauart Schenck, Darmstadt).

des Hauptförderers durch einen Nebenförderer zeigt Bild 86. Aber auch die Aufgabe, Lasten nach Zeitfolge von einer Beschickungsstrecke (Lager) auf die Hauptstrecke zu bringen, kann einfach gelöst werden. Schaltstifte am Tragstab der Last steuern über die an der Laufbahn angeordneten Schalter die Laufbahnweichen, wobei die Schaltstifte von Hand oder mittels Nockenwelle über Fernbedienung gestellt werden. − Vgl. DIN 15201.

Eine deutsche Firma[1] baut Kastenförderanlagen (bis 10 kg Ladegut) bei denen 2 Schieber am Förderkasten die Steuerung übernehmen und über Abtasteinrichtungen bis 100 Ziele ansteuern können. Mit Lochkarten steuert eine englische Firma[2] Deckenförderer derartig, daß sie die Lochkarte in einer Kunststoffkassette am Förderhaken der Ware mitgibt. Über Abfühltationen steuert sie die Weichen des Förderers so, daß die Ware am richtigen Zielort ankommt.

III. Schrifttum

[1] GUTENBERG, E.: Planung im Betrieb. Z. Betr.-Wirtsch. 1952, S. 669. − LÜBECK, H.: Produktions-Liquiditäts-Ertragskontrolle, RKW-Schrift W 1, Frankfurt.

[2] GUTENBERG, E.: Grundlagen der Betriebswirtschaftslehre, Bd. II: Der Absatz, 9. Aufl., Berlin/Heidelberg/New York: Springer 1966. − VDI-Taschenbuch, Industrieller Vertrieb, 1957. − KASSNER, E.: Die Werbung für Maschinen, München 1959. − MARTINEAU, P.: Kaufmotive, Düsseldorf 1959. − PACKARD, V.: Die geheimen Verführer, Düsseldorf 1958. − EICK, J.: Wenn Milch und Honig fließen, Düsseldorf 1958. − MEYER, W.: Marktforschung und Absatzplanung, Berlin 1963.

[3] RKW-Schrift Nr. 1: Wirtschaftliche Programmgestaltung-Typenvielfalt, Bielefeld 1960.

[4] ANDLER, K.: Die wirtschaftliche Auftragsmenge für Fertigung und Lager. Das Industrieblatt 1951, H. 5. − SCHÜTZ, W. v.: Wirtschaftliche Losgröße. AWF-Mitteilungen 1958, H. 5/6. − AWF-Sonderrechenstab SR 744, Berlin: Beuth-Vertrieb. − THOMAS, H.: Ein neuer Rechenstab (Die Berücksichtigung technologischer Probleme durch kostenvergleichende Ermittlung der optimalen Losgröße). Z. f. wirtschaftliche Fertigung 1965, H. 1.

[5] SUNDHOFF, E.: Grundlagen und Technik der Beschaffung von Roh-, Hilfs- und Betriebsstoffen, Essen 1958. − THIELEN: Einkauf und Materialverwaltung in der Maschinenindustrie, Siegburg 1954.

[6] GERBAL, B.: Rentabilität, Fehlinvestition, ihre Ursachen und Verhütung, Berlin 1955. − SCHNEIDER, E.: Wirtschaftlichkeitsrechnungen, Theorie der Investition, Tübingen 1957. − MOLL, H.: Diskussionsbeitrag, 9. Aachener Werkzeugmaschinen-Kolloquium, Essen 1958. − KÖLBEL, H., u. I. SCHULTE: Das wirtschaftliche Optimum bei der Auslegung chemischer Apparaturen. Chem. Ind. 1961, Nr. 5. − HOFMANN, R.: Wirtschaftlichkeitsrechnung (Übergang von Hand- zur Maschinenarbeit). Z. Maschine u. Manager 1961, H. 2. − BRONNER, A.: Vereinfachte Wirtschaftlichkeitsrechnung (Refa-Schrift), Beuth 1964.

[7] SCHMALENBACH: Die Aufstellung von Finanzplänen, Leipzig 1937. − LÜCKE, W.: Finanzplanung und Finanzkontrolle, in „Die Wirtschaftswissenschaften", Herausgeber: E. GUTENBERG 1964.

[8] KESSELRING, F.: Bewertung von Konstruktionen, Düsseldorf 1951. − VDI-Berichte Bd. 1: Technische Formgebung 1955. − Konstruktion, Berlin. − SIEKER, K.-H.: Fertigungs- und stoffgerechtes Gestalten in der Feinwerktechnik, Berlin/Göttingen/Heidelberg: Springer 1954.

[9] FRANKE, O.: Neue Wege der Normung, Normenheft Nr. 2, Berlin: Beuth-Vertrieb 1948. − Studienbericht: Anwendung der Normen, RKW-Auslandsdienst H. 13 (1952). − PETERSEN, H.: Konstruktive Normungsarbeit. Konstruktion 1955, S. 91. − RKW-Auslandsdienst H. 75: Typenbeschränkung, Möglichkeiten, Hemmnisse und Grenzen, München 1958. − SCHRAAG, J.: Die Bedeutung der Normung für die wirtschaftliche Fertigung. Werkstatt u. Betrieb 1959, S. 67. − KLOSS, H.: Das Baukastensystem beim Planen und Erstellen von chemisch-technischen Produktionsanlagen. Chem. Ind. 1961, Nr. 5.

[10] BERG, S.: Angewandte Normzahlen, Berlin: Beuth-Vertrieb 1949. − KIENZLE, O.: Normungszahlen, Berlin/Göttingen/Heidelberg: Springer 1950.

[11] LEINWEBER: Toleranzen und Lehren, 5. Aufl., Berlin/Göttingen/Heidelberg: 1948. − Normenheft 13: Toleranzen und Passungen für Längenmaße, Berlin: Beuth-Vertrieb 1950.

[12] MALISIUS, R.: Praktische Maßnahmen gegen Schrumpfwirkung an Schweißkonstruktionen. Schweißen und Schneiden 1955, H. 4.

---

[1] Siemens und Halske, Wernerwerk (Abt. Förderanlagen), Berlin-Siemensstadt.
[2] SAMAS Ltd., 88 High Holborn, London WC 2.

[13] Sonderheft „Konstrukteur und Gießer" der Zeitschr.: Die Gießerei, Düsseldorf 1951.

[14] SCHEFFLER, W.: Konstruktions-Stückliste. – Fertigungs-Stückliste. Werkst. u. Betr. 1955, S. 721. – SCHEFFLER, W.: Die fertigungsgerechte Zeichnung. Werkst. u. Betr. 1955, S. 77.

[15] SCHÜTTE, SABASS, V. LINTIG u. SCHÜTZ: Stoffwirtschaft und Arbeitsvorbereitung als Mittel der Planung und Lenkung. Stahl u. Eisen 1957, S. 1045.

[16] Vgl. Betriebstechnisches Taschenbuch, München 1947, S. 470.

[17] HEESCH, H., u. O. KIENZLE: Flächenschluß. System der Formen lückenlos aneinanderschließender Flachteile, Berlin/Göttingen/Heidelberg: Springer 1963. – PRISTL, F.: Materialplanung im Maschinenbau. Industrieblatt 1952, S. 57. – AWF-Schrift 5971: Richtlinien für Werkstoffersparnis bei Schnitt- und Stanzteilen, Berlin: Beuth-Vertrieb.

[18] HENNIG, K. W.: Betriebswirtschaftslehre der industriellen Fertigung, Braunschweig 1948. – GUTENBERG, E.: Grundlagen der Betriebswirtschaftslehre, Bd. I: Die Produktion, 12. Aufl., Berlin/Heidelberg/New York: Springer 1966. – Hütte-Taschenbuch für Betriebsingenieure, Bd. 1: Fertigung, Berlin 1954.

[19] VDI-Richtlinien: Gliederung und Begriffsbestimmung der Fertigungsverfahren, März 1960, Berlin: Beuth-Vertrieb. Siehe auch Normblätter, S. 31. – OPITZ, H.: Stand und Bedeutung der Technologie der Fertigungsverfahren. – HEIMANN, K. W.: Neue Verfahren auf dem Gebiete der Gießtechnik. – LANGE, K.: Gesenkschmiedestücke zum Abspanen. – FELDMANN, H. D.: Spanloses Herstellen der Vorformen für die spanabhebende Fertigung. Bericht über das 11. Aachener Werkzeugmaschinen-Kolloquium 1962. Industrie-Anz., 7. Sept. 1962. – BIEDERSTEDT, W., u. H. MEYER: Konstruieren für Massivumformung mit Herstellverfahren für feste Körper, Industrie-Anz. 1959, Nr. 34. – KIENZLE, O.: Die Grundpfeiler der Fertigungstechnik. VDI-Z. 1956, S. 23. – PRISTL, F.: Fertigungstechnik, Systematisierung und Entwicklungsrichtung. Industrieblatt 1962, Nr. 8. – KIENZLE, O.: Begriffe und Benennungen der Fertigungsverfahren. Werkstattstechnik 56 (1966) H. 4.

[20] OPITZ, H., u. H. ROHS: Anpassung der Werkzeugmaschine an die Fertigungsaufgabe (lochkartenmäßige Erfassung der Fertigungsaufgabe). Berichtsheft zum 9. Aachener Werkzeugmaschinen-Kolloquium 1958, Essen 1958. – STEEGER, A.: Diskussionsbeitrag im gleichen Heft. – MITRIFANOW, W.: Wissenschaftliche Grundlagen der Gruppentechnologie von Arbeitsgängen und Teilen, Berlin: Verlag Technik. – OPITZ, H., u. H. ROHS: Bericht über die Tagung „Kostensenken in Konstruktion und Fertigung durch Werkstücksystematik und Teilefamilien". Einzelaufsätze. Industrie-Anz. Mai 1963, H. 7. Sonderdruck: „Werkstücksystematik und Teilefamilienfertigung". VDI-Fachgruppe Betriebstechnik, Düsseldorf 1963.

[21] KUTZNER: Fließbilder der chemischen Technik. Chemische Industrie 1961, Nr. 5, Achema-Ausgabe. – RIECH, K.: Verfahrenstechnische Aufgaben des Ingenieurs. VDI-Z. 1956, H. 23, S. 1363.

[22] OPITZ, H., u. H. ROHS: Statistische Untersuchungen über die Ausnutzung der Werkzeugmaschinen. Forschungsbericht des Landes Nordrhein-Westfalen Nr. 831, Köln 1960. – MOLL, H. M.: Die Werkzeugmaschine in der betrieblichen Anwendung. Industrie-Anz. 1962, Nr. 72.

[23] Die Hauptbegriffe der Arbeitszeitermittlung werden später im Heft Arbeitsvorbereitung II (Werkstattbuch Heft 100) erläutert. Siehe auch: Refa Buch Bd. 2: Zeitvorgabe, München 1959. – Weitere Refa-Schriften sind beim Beuth-Vertrieb, Berlin 30, Burggrafenstr. 7 oder Köln, Friesenplatz 16, erhältlich.

[24] STEEGER, A.: Anforderungen des Verbrauchers an die Werkzeugmaschinen, 6. Aachener Werkzeugmaschinen-Kolloquium 1953, Essen. – GREHN, W.: Werkzeugvoreinstellen und Werkzeug-Schnellwechsel. Im Lehrgangbuch „Automatisierung der Fertigung", VDI-Bildungswerk, Düsseldorf 1960.

[25] STUMP, D.: Neue Verfahren der umformenden Metallbearbeitung. Werkstattstechnik 1964, H. 1. – BURGHARDT, A.: Umformen und Plattieren mit Sprengstoffen. VDI-Nachrichten Nov. 1964, Nr. 25.

[26] Werkstattbücher, Heft 89: GRÖNEGRESS: Brennhärten, 3. Aufl., Berlin/Göttingen/Heidelberg: Springer 1962.

[27] Werkstattbücher, Heft 116: HÖHNE: Induktionshärten, Berlin/Göttingen/Heidelberg: Springer 1955.

[28] Werkstattbücher, Heft 66: LOHSE/ALLENDORF: Maschinenformerei, 2. Aufl., Berlin/Göttingen/Heidelberg 1950. – KNIPP, E.: Neuerungen und Entwicklungsmöglichkeiten auf dem Gebiete der Gießereimechanisierung. Die Gießerei 1952, S. 2.

[29] NAUMANN, F.: Das Zementformsandverfahren, Berlin 1949.

[30] SCHUMACHER, W.: Das Kohlensäure-Erstarrungsverfahren in der Gießerei. Die Gießerei 1953, S. 678. – SCHNEIDER, G.: Wirtschaftliche Kernherstellung in der Gießereitechnik. Industrie-Anz. 1962, Nr. 58.

[*31*] Pölzguter, F.: Formmasken-Verfahren nach Croning, ein neues deutsches Formver-
fahren. Die Gießerei 1952, S. 467. — Stahlfeinstguß s. Deutsche Edelstahl-Werke, Bochum.
Klemmer, M.: Gußstücke hoher Maßgenauigkeit. VDI-Nachrichten 14. Okt. 1964.

[*32*] Heimann, W.: Das Wachsausschmelzverfahren in der Praxis. Die Gießerei 1952, S. 6. —
Werkstattbuch H. 72, Gießereimodelle, 3. Aufl. 1965. — Wittmoser, A.: Über das Vollformgießen mit vergasbaren Modellen. Gießerei 50 (1963) H. 17, S. 506–517.

[*33*] Firmenschriften über lochkartengesteuerte Werkzeugmaschinen. — Winhold, H.: Pro-
grammierung und Arbeitsablauf bei numerisch gesteuerten Werkzeugmaschinen. Z.
Automatik 1961, H. 3. — Beauclair, W. de: Steuerung von Werkzeugmaschinen mit
Lochstreifen. Industrieblatt 1960, H. 11. — Stubenrecht, A.: Programmieren — auch
in der Arbeitsvorbereitung. Industrie-Anz. 1958, H. 16/17. — VDI-Richtlinien 3259: Richtlinien für die Anwendung von Lochstreifen. — Schauffler, E.: Praxisnahe Forderung des
Werkzeugmaschinenbaus an die Steuertechnik. Werkstattstechnik 1964, H. 3.

[*34*] Stubenrecht, A.: Magnetspeichertechnik zur Fertigungs-Steuerung und -Überwachung.
Industrie-Anz. 1961, H. 33. — Kohring, G.: Nummerische Werkzeugmaschinensteuerun-
gen. Theoretische Grundlagen und Aufbau. Werkst. u. Betr. 1962, H. 6. — VDI-Richtlinie
3259, Programmieren numerisch gesteuerter Werkzeugmaschinen, Lochstreifen als Informationsträger, Düsseldorf.

[*35*] Die wirtschaftliche Apparatur, Sonderausgabe der Zeitschr. „Chemische Industrie" zur
ACHEMA, Mai 1961. — Hengstenberg, J., B. Sturm u. O. Winkler: Messen und
Regeln in der chemischen Technik, Berlin/Göttingen/Heidelberg: Springer 1957.

[*36*] Werkstattbücher Heft 33, 35, 42, 51, 71, 81 u. 83, 95 u. 122, Berlin/Göttingen/Heidel-
berg: Springer. — Ferner: VDI-Sonderheft „Vorrichtungsbau", Berlin 1941. — ADB Richtlinien für den Vorrichtungsbau, Berlin 1941. — Schreyer, K.: Werkstückspanner (Vorrichtungen), 2. Aufl., Berlin/Göttingen/Heidelberg: 1959. — Schreyer, K.: Werkzeug-
spanner (Werkzeughalter), Berlin/Göttingen/Heidelberg: Springer 1959. — VID-Lehrgangs-
unterlagen „Automatisierung der Fertigung" BW 04-3-01, Düsseldorf 1960.

[*37*] Dolezalek, M.: Menschlicher Arbeitsaufwand beim Bedienen von Vorrichtungen. Maschinenbau 1938, S. 7.

[*38*] Sohrs, L.: Wirtschaftlichkeit von Sondervorrichtungen. Maschinenbau 1932, S. 105. —
AWF Nr. 245 (Berlin 1931): Wirtschaftlichkeit von Vorrichtungen. — RKW-Veröffent-
lichung N 73: Wirtschaftlichkeit von Vorrichtungen, Berlin/Köln: Beuth.

[*39*] Mäckbach, F., u. O. Kienzle: Fließarbeit, Berlin 1926. — Schütz, W. v.: Fließende
Fertigung im Drehbankbau. Werkstattstechnik 1931, S. 389. — Abschnitt „Fließferti-
gung" in K. W. Hennig: Betriebswirtschaftslehre der industriellen Erzeugung, Wies-
baden 1960. — Penzlin, K.: „Fließarbeit" im Hütte-Taschenbuch, Berlin 1957. — Auto-
matische Fabriken. Deutsche u. Wirtschaftszeitung. Beilage „Leistung u. Fortschritt" 1955,
Nr. 37. — Roesner, H.: Die Automatisierung. — Neue Aspekte in Deutschland, Amerika u.
Sowjetrußland, Stuttgart 1958. — Alms, E.: Schleppermontage auf Fertigungsplatten.
VDI-Nachr. 1. Nov. 1961.

[*40*] Graf, O.: Zur Frage der Arbeits- und Pausengestaltung bei Fließarbeit, 6 Mitteilungen
in der Zeitschrift Arbeitsphysiologie 1940. — Graf, O.: Maschinentakt und Arbeits-
rhythmen. Die Welt, 3. Sept. 1960.

[*41*] John-Diebold: Die automatische Fabrik, Nürnberg 1954. — The impact of automation,
American Maschinist 1957, Special Report 451. — Schaumjan, G. A.: Automaten,
Berlin 1956. — Dolezalek, C. M.: Quellen der Produktion (Klärung der Begriffe). Werk-
stattstechnik 1960, S. 244. — VDI-Lehrgangshandbuch „Automatisierung der Fertigung".
Düsseldorf 1960. — VDI-Bericht Nr. 99, Automatisierung in der Fertigungstechnik
(Vorträge auf der VDI-Tagung Stuttgart 1964), Düsseldorf 1965. Zeitschrift: Automa-
tisierung.

[*42*] Kienzle, O.: Kontrollen der Betriebswirtschaft, Berlin: Springer 1931. — Schlesin-
ger, G.: Prüfbuch für Werkzeugmaschinen (Die Arbeitsgenauigkeit der Werkzeugmaschinen), 2. Aufl., Berlin: Springer 1931. — Siebel, E., u. N. Ludwig: Handbuch der
Werkstoffprüfung, 2. Aufl., Bd. I, Berlin/Göttingen/Heidelberg: Springer 1958.

[*43*] AWF-Schrift: Technische Statistik, Abnahme mit Stichproben, Berlin: Beuth-Vertrieb
1959. — AWF-Schrift: Technische Statistik, Kontrollkarten, 1956, Sonderdruck aus
der Zeitschrift: Werkstattstechnik 1953 und 1954, von U. Graf, K. Rempel u. R. Wart-
mann. — Knayer, M.: Vom Wert der Stichprobe. Der Betrieb 1955, S. 1. — Goubeaud, F.:
Qualitätsbewertung — Steuerung, Sicherung. ZwF 1964 (9) S. 23. Zeitschrift für wirtschaftliche Fertigung „ZwF", Freiburg mit ständigem Teil: Qualitätskontrolle. — Bundes-
amt f. Wehrtechnik u. Beschaffung: Statistische Qualitätskontrolle, Berlin: Beuth-Vertrieb 1959. — Dutschke, W.: Qualitätsregelung in der Fertigung, Berlin/Göttingen/
Heidelberg: Springer 1964. — Schaafsma, A., u. F. Willemze: Moderne Qualitätskontrolle, Philips Technische Bibliothek, 1955.

[44] WITTWER, E.: Wirtschaftliche Fertigungsüberwachung. Maschinenbau 1941, S. 205. – BLEISTEINER, G., u. W. v. MANGOLDT: Handbuch der Regelungstechnik, Berlin/Göttingen/ Heidelberg: Springer 1961. – Neue Meß- und Regelgeräte auf der INTERKAMA. VDI-Z. 1961, Nr. 8. – KORDT, W.: Wirtschaftliche Gewindeprüfung. Werkstattstechnik 1940, S. 247. – WITTWER, E.: Wirtschaftliches Prüfen in der Massenprüfung. Werkstattstechnik 1939, S. 209. – KORDT-SCHREINER: Schnellprüfgeräte mit elektr. Lichtanzeiger. Werkstattstechnik 1942, S. 486. Vgl. auch W. HEINZELMANN: Anwendung neuartiger Meßgeräte in der Mengenfertigung, u. F. MITTHOF: Meßmaschinen für die rationelle Maßkontrolle in „Fortschrittliche Fertigung und moderne Werkzeugmaschinen, 7. Aachener Werkzeugmaschinen-Kolloquium 1954", Essen 1954. – FRANK, H.: Meßsteuerung an Fertigungsmitteln. Maschine und Manager, Düsseldorf H. 3, 1960. – NIEBERDING, O.: Pneumatische Feinmeßverfahren. Werkstattstechnik 42 (1952) S. 140.

[45] RICKEN, TH.: Fördermittel für Bearbeitungs- und Zusammenbauwerkstätten, München 1949. – RKW-Schrift: Senkt Transportkosten, Frankfurt 1952. – ELLERSIEK, K.: Materialflußkosten im Betrieb, Wiesbaden 1958. – GESELL, W.: Materialfluß in Gießerein, Düsseldorf 1956. – VDI-Fachbibliographie Nr. 4: Förderwesen, Materialflußuntersuchungen und -kosten, Düsseldorf 1959. – Erfahrungsaustausch über Materialflußgestaltung und Probleme der Transportrationalisierung. Sonderheft des Industrie-Anz. 1954, H. 86. – MARX, A.: Leistungs- u. Kostenkontrolle innerbetrieblich eingesetzter Flurfördermittel. Die Transport-Arbeit, Werkzeitschrift d. Still A. G., Hamburg, 1955, H. 3. – RÖPER, C.: Palettenpool, Düsseldorf: VDI-Verlag 1960. – FACKELMEYER, A.: Materialfluß, Planung und Gestaltung, Düsseldorf 1965. – Ferner: Merkbl. 341 „Fördermittel in der Fertigung" (1. Aufl. 1964), Beratungsstelle für Stahlverwendung, 4 Düsseldorf, Kasernenstr. 36.

Nachtrag

Nachtrag zu Seite 31: **Auswahl der Fertigungsverfahren**

Einfluß der Teileform und -größe auf die Auswahl der Produktionsverfahren. Jedes Verfahren ist, unter wirtschaftlichen Gesichtspunkten betrachtet, nur für eine beschränkte Mannigfaltigkeit von Formen brauchbar. So z. B. können beim Umformen durch Walzen nur einfache, durch Gesenk- und Freiformschmieden aber vielgestaltige Teile hergestellt werden. Ähnlich stehen bei der Blechbearbeitung dem Walzen und Abbiegen das Ziehen mit hydraulischem Kissen und die Verfahren der Hochgeschwindigkeitsumformung gegenüber[1].

Die Qualität, als Grad der Eignung eines Erzeugnisses, die Funktion zu sichern und den Verbraucheransprüchen zu genügen, wird meistens nach folgenden Teilqualitäten beurteilt:

Werkstoffgüte   = Festigkeitseigenschaften und sonstiges Verhalten;
Formgenauigkeit = Abweichung von der vollkommenen Gestalt, z. B. unrund, kegelig, Unwucht usw.;
Maßhaltigkeit   = Einhalten vorgeschriebener Maße durch das ISO-Toleranzsystem einheitlich beurteilbar;
Oberflächengüte = Abweichungen von der idealen Oberfläche: z. B. Rauhigkeit (gemessene Rauhtiefe), Traganteil bei Lagerflächen.

Bei keinem Verfahren kann die vorgeschriebene Meßgröße *absolut genau* eingehalten werden, die vorgesehenen Fertigungstoleranzen müssen die Funktionstüchtigkeit der Erzeugnisse (einwandfreie Arbeitsweise, zulässige Reibung, Störungsanzahl usw.) sowie die Austauschbarkeit bei Ersatzteilen sichern.

---

[1] PRISTL, F.: Fertigungsplanung. Auswahl der Arbeitsverfahren in Abhängigkeit von Teileform, Qualität und Fertigungsstückzahl. Arbeitsvorbereitung 1966, H. 3 u. 4, bzw. 1967, H. 1.

Über Formgenauigkeit (Gestalt, Passungen, Oberflächengüte usw.) enthalten die DIN-Blätter 4760, 4762 usw. einheitliche Begriffe. Man unterscheidet 6 Ordnungsstufen von 1. Formabweichungen (z. B. Unrundheit: infolge Maschinen- oder Spannfehlern u. dgl.) bis zu 6. Abweichungen infolge von Gefügeunterschieden des Werkstoffes.

Die Oberflächengüte soll entsprechend DIN 3141/42 durch Angabe der zulässigen Rauhtiefe vorgeschrieben werden; Dreieckszeichen genügen nicht mehr. Untersuchungen der letzten Jahre erbrachten auch Richtlinien für die Auswahl der Fertigungsverfahren bei vorgeschriebener ISA-Toleranz und Oberflächengüte[1]. Zwar ist die Einhaltung von Toleranzen an sich zunächst eine Betriebsfrage im engeren Sinne: Führung, Arbeitsmoral, Güte der Arbeitskräfte und der Maschinen. Sie gewinnt jedoch darüber hinaus eine wesentlich größere Bedeutung, wenn berücksichtigt wird, daß jede Einengung der Toleranz zwecks Überganges zu einem genaueren Arbeitsverfahren vielfach mit einem steilen Kostenanstieg verbunden ist. BRONNER[2] macht dies mit der folgenden Tabelle besonders deutlich.

Arbeitsvorgang		Schruppen	Schlichten	Feinschlichten	Schleifen	Läppen
Toleranzbreite	μm	80	40	20	10	6
Kosten	%	25	45	100	170	250

Neben Werkstückgenauigkeit und Oberflächenbeschaffenheit ist der Fertigungsumfang (Stückzahl je Auftrag) mitbestimmend für die Verfahrenswahl. Einige Hinweise dazu wurden bereits in den Abschnitten 19 und 21 (S. 30 u. 37) gegeben.

Nachtrag zu Seite 70: **G. Wertanalyse**

Die Bemühungen um arbeitssparende Gestaltung der Erzeugnisse, wirtschaftlichen Stoffeinsatz (Nutzung), zweckmäßigste Arbeitsmethoden bzw. günstigsten Betriebsmitteleinsatz gingen bisher von einzelnen Personen, Abteilungen oder besonders betrauten Rationalisierungsstellen aus. Die Wertanalyse baut auf einer systematischen und engen Zusammenarbeit aller Stellen auf, welche die Gestaltung, Materialbeschaffung und Fertigung, ja sogar den Vertrieb eines Produktes beeinflussen. Sie geht als „Value Analysis bzw. Value Engineering" auf den Einkaufsleiter der General-Electric, MILES[3], zurück. Ihre Erfolge stützen sich auf die Rationalisierungsarbeit einer Arbeitsgruppe, in der alle betroffenen Stellen vertreten sind, und die damit beginnt, jedes Teil auf seine Funktionserfüllung hin zu untersuchen. Als Funktionen im Sinne der Werttechnik gelten Systeme, Arbeitsweisen, Eigenschaften und Merkmale, die die Verwendung des Erzeugnisses ermöglichen (Gebrauchsfunktionen) oder es verkaufsfähig machen (Geltungsfunktionen). Haupt- und Neben- bzw. im Sinne der Funktions- oder Verkaufsfähigkeit unnötige Funktionen werden herausgestellt. Unter den möglichen Lösungen wird diejenige mit den niedrigsten Kosten ausgewählt, was zuerst einmal heißt, daß in ein Erzeug-

---

[1] KOLHAGE, E.: Über den Zusammenhang zwischen ISA-Toleranz und Oberflächengüte in der spanenden Fertigung. Werkstattstechnik 1965, H. 6.

[2] BRONNER, A.: Zukunft und Entwicklung der Betriebe im Zwang der Kostengesetze. Werkstattstechnik 1966, H. 2, S. 80.

[3] MILES, L. D.: Value Engineering – Wertanalyse, die praktische Methode zur Kostensenkung, München 1965.

nis keine Funktionen hineinkonstruiert sein dürfen, für die der Kunde nicht auf
Sicht Mehrkosten und damit einen angemessenen Gewinn zu zahlen bereit ist.
Hier liegen auch die größten Einsparungsmöglichkeiten, denn was bei der Konstruktion versäumt wird, kann keine noch so gute Arbeitsvorbereitung oder Fertigung wieder hereinholen.

Diese eingehende Untersuchung führt auch zur Typisierung und Normung oder
zur Verwendung ähnlicher Teile. Nachdem die für den jeweiligen Fall beste Konstruktion vorliegt, wird die günstigste Materialbeschaffung und -nutzung sowie
rationellste Fertigung geplant, wobei der Fertigungsablauf die Grundlage für die
Kostenermittlung bildet. Die in den Abschnitten C „Fertigungs- und Verfahrenstechnik" (S. 30) bis F „Materialfluß- und Förderwesen" (S. 64) behandelten Grundsätze wirtschaftlicher Fertigung werden dabei besonders beachtet. Da der Wert im
Sinne der Wertanalyse das Verhältnis ist von Funktionswert = Erlös (Werteinschätzung des Fabrikates durch den Kunden) zu den sogenannten Optimalkosten
(betrieblicher Aufwand je Leistungseinheit bei günstigsten Produktionsverhältnissen), wird entweder der Erlös gesteigert, indem man den Verbrauchs- und
Geltungsfunktionswert erhöht, oder die Fertigungskosten werden gesenkt. Dieses
Kostendenken und das Durchrechnen der verschiedensten Lösungsmöglichkeiten
aber ist die Grundlage der großen Erfolge der Wertanalyse, wobei die Gruppenarbeit auch viele Widerstände bei der Verwirklichung der notwendigen Maßnahmen
von vornherein ausschaltet.

Berichtigung

In dem Verzeichnis der Werkstattbücher ist das Stern-
chen bei Heft 99, das auf einen Preis von DM 6,—
hinweist, versehentlich weggeblieben.

Der Preis der in neuer Auflage vorliegenden bzw.
kommenden Hefte 1, 4, 33, 35 und 106 beträgt DM 7,50.

Pristl, Arbeitsvorbereitung I, 4. Aufl.

Heft

(Fortsetzung 4. Umschlagseite)